21世纪高等学校规划教材

计算机组成原理实验教程

李　涛　编著

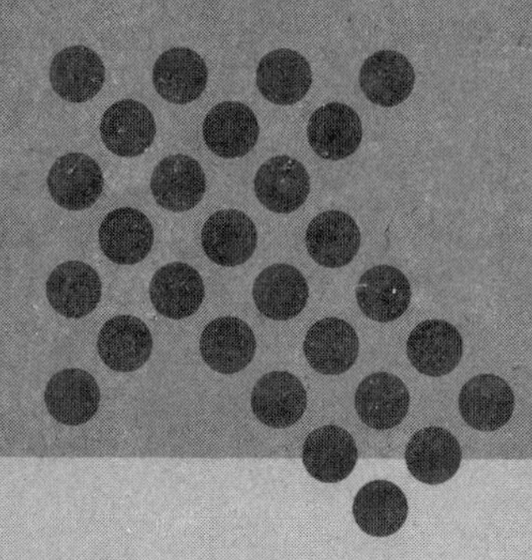

内 容 提 要

本书为21世纪高等学校规划教材。

本书依据全国硕士研究生统一入学考试的计算机组成原理考试大纲，基于西安唐都科教仪器公司的CM3+计算机组成原理教学实验系统，采用传统接线和EDA两种方式，对计算机组成中涉及的关键部件和模型机进行实验，使学生加深对计算机组成结构和工作原理的理解，提高学生的动手实践能力。第1章介绍了进行相关实验所需的EDA基础知识，包括VHDL与原理图设计输入和Quartus II工具软件的使用；第2章介绍了CM3+教学实验系统的组成和基本原理；第3章介绍了基本运算器、超前进位加法器、阵列乘法器、静态随机存储器、高速缓冲存储器、时序发生器、微程序控制器和硬布线控制器等关键部件性实验的原理和内容；并在此基础上，给出了简单模型机、复杂模型机和输入输出扩展的模型机等综合性实验的原理和内容。

本书可作为高等学校计算机科学与技术等相关专业开设“计算机组成原理实验”课程的教材，也可以供从事该领域工作的有关人员自学参考。

图书在版编目（CIP）数据

计算机组成原理实验教程 / 李涛编著. —北京：中国电力出版社，2009

21世纪高等学校规划教材

ISBN 978-7-5083-8484-9

Ⅰ. 计…　Ⅱ. 李…　Ⅲ. 计算机体系结构－实验－高等学校－教材　Ⅳ. TP303

中国版本图书馆CIP数据核字（2009）第021209号

中国电力出版社出版、发行

（北京三里河路6号　100044　http://jc.cepp.com.cn）

航远印刷有限公司印刷

各地新华书店经售

*

2009年3月第一版　2009年3月北京第一次印刷

787毫米×1092毫米　16开本　9印张　213千字

定价 **15.00** 元

前 言

“计算机组成原理”是计算机科学与技术相关专业的重要专业必修课之一，也是一门实践性很强的课程。为了使理论教学和实验教学紧密结合，“计算机组成原理实验”是一个必修环节，主要目的是通过学生自己动手设计实验，更好地掌握计算机关键性部件的工作原理和相互关系，完整地建立计算机的整机概念，进一步加深对计算机组成结构和工作原理的理解。

本书是为采用西安唐都科教仪器公司的 CM3+计算机组成原理教学实验系统开展计算机组成原理实验的师生而编写的。CM3+教学实验系统采用了先进的部件结构和接近现代通用计算机结构的模型计算机，可根据教学需要灵活改变系统的核心部件控制器和指令系统，以及挂接其他的外围部件。该系统的联机软件提供了计算机部件和模型计算机的数据通路图形调试界面，使用户很容易了解其内部结构和使用方法。该系统采用传统接线和现代 EDA 方式两种实验手段，既能完成关键部件性实验，又能完成模型机实验，使读者能够更好地理解计算机的组成结构和内部运行机理，掌握计算机系统设计的基本技术。同时，还能够通过对 EDA 技术的运用提高其数字系统的设计能力。

本书内容主要由 3 章构成。第 1 章主要介绍了进行相关实验所需的 EDA 技术基础，包括 VHDL 与原理图设计输入和 Quartus II 工具软件的使用。第 2 章介绍了 CM3+教学实验系统的组成和基本原理。第 3 章介绍了关键部件和模型机等实验项目的实验目的、实验原理和实验内容。

部件性实验侧重于基本知识的学习，与理论教学内容同步进行，帮助读者理解计算机关键组成部件的结构和原理。为此，CM3+教学实验系统提供了 8 个部件实验：基本运算器、超前进位加法器、阵列乘法器、静态随机存储器、Cache 存储器、时序发生器、微程序控制器、硬布线控制器。

模型机实验侧重于设计能力的培养，在融会贯通理论教学内容和部件相互关系的基础上，进一步建立计算机的整机概念，并且以 8253 为例说明了模型机的输入输出扩展方法。为此，CM3+教学实验系统提供了 4 个模型机设计实验：简单模型机设计、复杂模型机设计、带中断处理的模型机设计、典型 I/O 接口扩展模型机设计。

此外，CM3+教学实验系统的资源完全用户开放性为读者自行设计各种结构及不同复杂程度的模型计算机提供了良好的软硬件平台，有利于提高读者对计算机系统的综合设计和开发能力。

本书在编写过程中得到了南开大学计算机科学与技术系以及西安唐都科教仪器公司的大力支持，在此表示感谢。

由于作者水平有限，错误和疏漏在所难免，敬请广大读者批评指正。

作 者

2008 年 12 月

目　　录

第1章　EDA 技术基础

20 世纪末，微电子技术获得了飞速发展，现代电子产品几乎渗透到了社会的各个领域，有力地推动了社会生产力的发展和社会信息化程度的提高，同时也使现代电子产品的性能进一步提高，电子产品更新换代的速度也越来越快。

EDA（Electronic Design Automation）技术以传统电子设计方法无法比拟的优势而成为现代电子设计的核心手段，依赖于功能强大的计算机，在 EDA 工具软件平台上，以硬件描述语言（Hardware Description Language，HDL）为系统逻辑描述手段完成设计文件，采用自上而下的设计方法，自动完成逻辑编译、逻辑化简、逻辑分割、逻辑综合、结构综合（布局布线），以及逻辑优化和仿真测试，最终实现目标系统的功能。EDA 技术使得软硬件之间的界限变得模糊，设计者利用软件的方式，即用硬件描述语言和 EDA 工具软件就可以完成系统硬件功能的设计与实现。

现代的 EDA 工具都具有从设计输入到模拟仿真等各种功能，如 Altera 公司的 Quartus II 和 Xilinx 公司的 ISE 等集成开发环境，为电子产品的设计与验证提供了良好的平台。下面先对可编程逻辑器件进行简单介绍，然后以 Altera 公司的 Quartus II 开发环境为例，说明使用原理图输入方式和硬件描述语言（如 VHDL、Verilog 等）输入方式的设计流程。

1.1　可编程逻辑器件

可编程逻辑器件（PLD）是指可以通过软件编程修改器件内逻辑电路为用户提供定制功能的标准部件。伴随着集成电路技术的飞速发展，可编程逻辑器件经历了从可编程只读存储器（PROM）、可编程逻辑阵列（PLA）、可编程阵列逻辑（PAL），直到现在的复杂可编程逻辑器件（CPLD）和现场可编程逻辑阵列（FPGA）的发展过程，在结构、集成度、速度和易用性上都取得了巨大进步，成为构建可编程片上系统（SoPC）设计的物理平台。

随着可编程逻辑器件应用的日益广泛，目前世界上有十几家生产 CPLD/FPGA 的公司，其中 Altera 和 Xilinx 是最大的两家公司，占有了 60%以上的市场份额，可以说这两个公司决定了可编程逻辑器件的发展方向。Xilinx 公司是 FPGA 的发明者，是最大的可编程器件供应商之一，产品种类全，主要包括 Spartan、Virtex、CoolRunner 等系列的芯片，目前的主要开发工具是 ISE(Integrated Software Environment)；Altera 公司在 20 世纪 90 年代以后发展很快，是最大的可编程逻辑器件供应商之一，主要产品有 Cyclone、Stratix、FLEX 等系列的芯片，目前的主要开发工具是 Quartus II。

目前，很多 FPGA 芯片都采用 4 输入查找表（Look Up Table，LUT）结构。LUT 本质上就是一个 RAM，因此每一个 LUT 可以看成一个有 4 位地址线的 16×1 的 RAM。当用户通过原理图或硬件描述语言描述了一个逻辑电路以后，FPGA 工具软件会自动计算逻辑电路的所有可能结果，并把结果事先写入 RAM。这样，每输入一个信号进行逻辑运算就等于输入一个地址进行查表，找出地址对应的内容，然后输出即可。如表 1.1 所示为一个 4 输入与门的例子。

Cyclone 系列器件主要由 LAB（逻辑阵列块）、RAM 块、I/O 块、可编程行/列连线和锁相环等组成，各个模块被丰富的连线和时钟网络相互连接在一起。Cyclone 器件的可编程资源主要是指由多个逻辑单元（Logic Element，LE）构成的 LAB，LE 是最基本的可编程单元，每个 LE 主要由一个 4 输入 LUT、一个触发器、进位链逻辑和其他相关逻辑等构成，如图 1.1 所示。Cyclone 系列芯片是 Altera 公司的一款低成本、高性价比的 FPGA，本实验系统中采用的是 Cyclone EP1C6 FPGA 芯片，其管脚分配图如附录 A 所示。

表 1.1　　4 输 入 与 门 实 例

实际逻辑电路		LUT 的实现方式	
a b c d → out		地址线 a b c d → 16×1 RAM（LUT） → 输出	
输入 abcd	逻辑输出	地址	RAM 中存储的内容
0000	0	0000	0
0001	0	0001	0
…	0	…	0
1111	1	1111	1

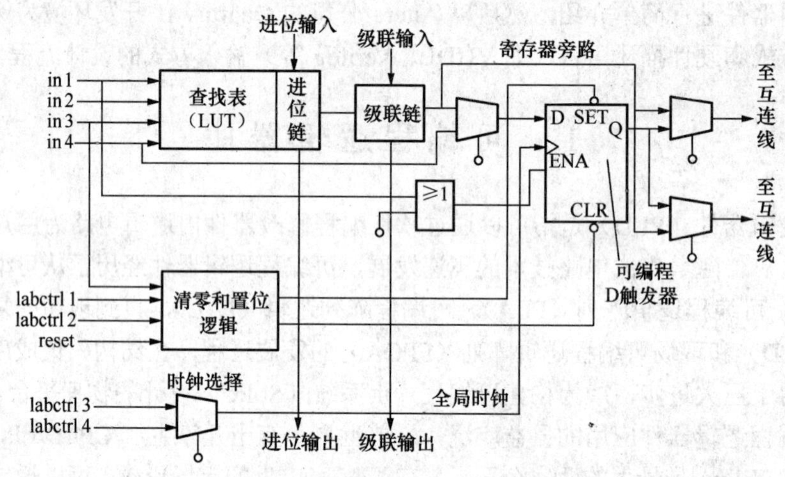

图 1.1　Cyclone LE 内部结构

下面以图 1.2 为例说明基于 LUT 结构的 FPGA 逻辑实现原理。A、B、C、D 经由 FPGA 芯片的管脚输入后进入可编程连线，然后作为地址线连接到 LUT，LUT 中已经事先写入了所有可能的逻辑结果，通过地址查找到相应的数据后输出，这样就实现了组合逻辑。该电路中 D 触发器是直接利用 LUT 后面的 D 触发器来实现。时钟信号 CLK 经由 I/O 管脚输入后进入芯片内部的时钟专用通道，直接连接到 D 触发器的时钟端；D 触发器的输出与 I/O 管脚相连，从而把结果输出到芯片管脚，因此 FPGA 就完成了如图 1.2 所示电路的功能。

这个电路是一个很简单的示例，只需要一个 LUT 加上一个触发器就可以完成。对于一个 LUT 无法完成的电路，就需要通过进位逻辑将多个单元相连，这样 FPGA 就可以实现更复杂的逻辑。

由于 LUT 主要适合于 SRAM 工艺生产，所以目前的大部分 FPGA 芯片都是基于 SRAM 工艺的，而 SRAM 工艺制造的芯片在掉电后信息就会丢失，需要外加一片专用配置芯片。在系统上电时，由该专用配置芯片把数据加载到 FPGA 中，对 FPGA 的逻辑功能进行编程实现，然后 FPGA 就可以开始工作了。而对于采用反熔丝或 Flash 工艺的 FPGA，就不需要外加专用的配置芯片。

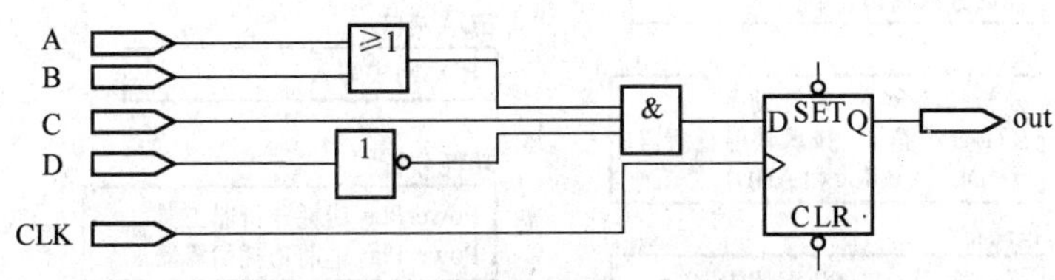

图 1.2　LUT 结构 FPGA 的实现原理

1.2　基于原理图的设计方法

1.2.1　Quartus II 简介

Quartus II 软件是 Altera 公司推出的 FPGA 集成开发环境，是上一代开发环境 MAX+plus II 的更新换代产品，提供了完全集成且与电路结构无关的设计环境，使设计者能够方便地完成设计输入、综合、布局布线、仿真测试和器件编程等所有工作，能够完成可编程片上系统的设计与开发。

Quartus II 软件工具支持原理图、VHDL、Verilog、AHDL（Altera HDL）以及混合输入方式的设计流程，可以使用内嵌的综合器或者如 Synplify Pro 这种第三方综合器进行设计的综合；同样，也可以使用内嵌的仿真器或者如 Modelsim 这种第三方仿真器对设计进行功能和时序仿真；Quartus II 的一些高级特征，如可以在系统设计中使用宏模块、允许第三方 EDIF 文件输入等，为使用 FPGA 芯片上的各种异构资源，如存储器、DSP 模块、LVDS 模块等提供了便利；此外，Quartus II 还可以与 Matlab 等工具结合使用，进行复杂数字系统的设计与开发。

使用 Quartus II 软件能够完成设计流程的所有阶段，它是一个全面易用的独立解决方案，如图 1.3 所示为 Quartus II 图形用户界面在设计流程每个阶段中所提供的功能。下面对设计流程的每一步进行描述。

1. 设计输入

工程设计文件的输入方式有文本输入、图形输入和第三方 EDA 工具产生的 EDIF 网表输入等多种形式。HDL 文本输入方式与传统的计算机语言编程方式一样，使用 VHDL 或 Verilog 硬件描述语言来描述电路系统，然后将设计文本作为输入进行综合；图形输入的原理图方式类似于传统电子设计方法的原理图输入方式，在 EDA 软件图形界面上使用连线连接各种逻辑器件构成特定功能的电路原理图，其中的逻辑器件还可以是宏模块或者 IP 核。

2. 约束输入

约束文件是一类特殊的文本文件，用于在工程文件设计完成后，告诉编译器有哪些实现约束条件，最基本的如工程文件的 I/O 信号与 FPGA 管脚的绑定约束，功能模块实现的面积

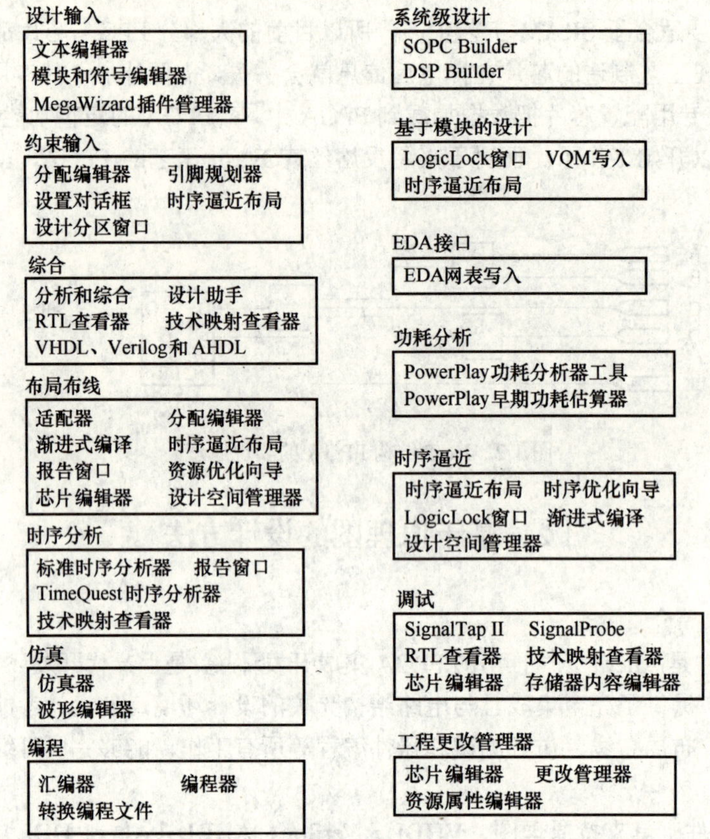

图 1.3 Quartus II 图形用户界面功能

约束，时序设计中的时钟周期、偏移约束等。

3. 设计综合

在保存所有的源文件后首先要做的就是综合，它将硬件描述语言或原理图的设计定义转换为针对目标器件的网表文件。在综合过程中，综合工具首先检查设计程序的语法错误或原理图连接错误；然后对源代码或原理图进行分析，判断使用 FPGA 中的哪些底层单元实现相应的功能；综合完成后根据综合选项和约束文件对综合结果进行优化。

4. 布局布线

它将综合器产生的网表文件针对某一具体的目标器件进行逻辑映射操作，该目标器件必须是综合器中指定的目标器件，并产生最终的配置文件。在必要的情况下，还可以采用手工方式对目标设计的布局布线进行调整。

5. 时序分析

时序设置能够为整个工程、特定的设计实体或个别的引脚、节点等指定所需的速度性能，利用时序分析器可以在编译期间或编译后进行时序分析，若未进行时序设置，时序分析器则按照默认的设置运行分析。

6. 设计仿真

在数字电路设计过程中，仿真是比较关键的分析手段，其主要目的是检验当前设计是否完全符合设计要求。设计仿真分为两部分：功能仿真和时序仿真，前者主要针对实现前的源文件，以验证设计文件的逻辑功能是否正确，是否满足设计的基本要求；后者通过计算各信号之间的时间延迟，有效地分析实际电路中可能存在的竞争和冒险，从而确定设计的实际工作性能。

7. 下载编程

应用 EDA 软件工具，把综合成功的配置文件下载到相应的实际硬件，在芯片上实现规定的功能电路。

1.2.2 基于原理图的设计流程

Quartus II 软件提供了基于原理图的多层次设计功能，同时具有适用于各种需要的元件库，包括基本逻辑元件库（如基本逻辑门电路、触发器、IO 管脚等）、宏功能元件（包含几乎所有的 74 系列的器件）和参数可设置的宏功能模块 LPM 库等。使用原理图设计能够在不具备硬件描述语言等编程技术的条件下进行任意层次的数字系统设计，能够对任意层次系统的功能进行精确的仿真，迅速确定电路系统的错误所在并能随时纠正，能够方便地修正设计方案，并且能够使用 FPGA 芯片进行任意次系统的硬件测试验证，为现代数字电路系统提供了良好的设计环境。

本节以全加器电路为例说明基于原理图的设计流程，下面首先给出全加器的逻辑表达式和电路图。如果不考虑来自低位的进位，将两个 1 位的二进制数相加称为半加，按照二进制加法运算规则可以列出半加器的真值表，进而求得式（1.1）所示的逻辑表达式，其中 A、B 为两个加数，S 是相加的和，Co 是向高位的进位。

$$\begin{aligned} S &= \overline{A}B + A\overline{B} = A \oplus B \\ Co &= A \cdot B \end{aligned} \tag{1.1}$$

因此半加器是由一个异或门和一个与门组成的，如图 1.4 所示。

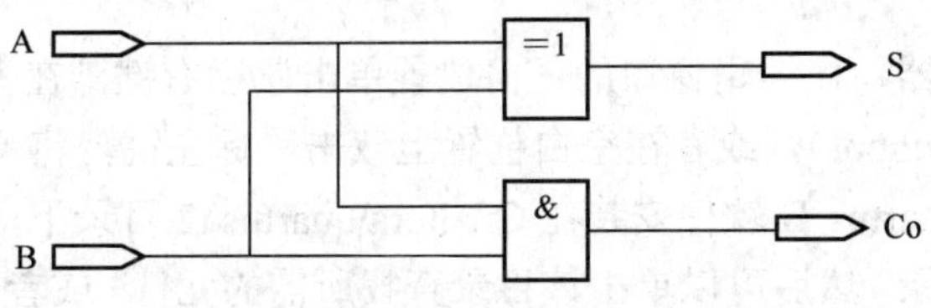

图 1.4 半加器电路图

将两个多位二进制数相加时，除了最低位以外，每一位都应考虑来自低位的进位，即将两个对应位的加数和来自低位的进位 3 个数相加称为全加。根据二进制加法运算的规则可以列出全加器的真值表，进而求得式（1.2）所示的逻辑表达式，其中 A、B 为两个加数，Ci 为来自低位的进位，S 为相加的和，Co 为向高位的进位。

$$\begin{aligned} S &= \overline{\overline{A}\,\overline{B}\,\overline{Ci} + A\overline{B}Ci + \overline{A}BCi + AB\overline{Ci}} = Ci \oplus A \oplus B \\ Co &= \overline{\overline{A}\,\overline{B} + \overline{B}\,\overline{Ci} + \overline{A}\,\overline{Ci}} = AB + Ci(A \oplus B) \end{aligned} \tag{1.2}$$

因此全加器可由两个半加器和一个或门构成，如图 1.5 所示。

下面详细给出使用 Quartus II 软件、采用原理图输入方式设计全加器电路并使其在 FPGA 芯片上运行的实现流程。

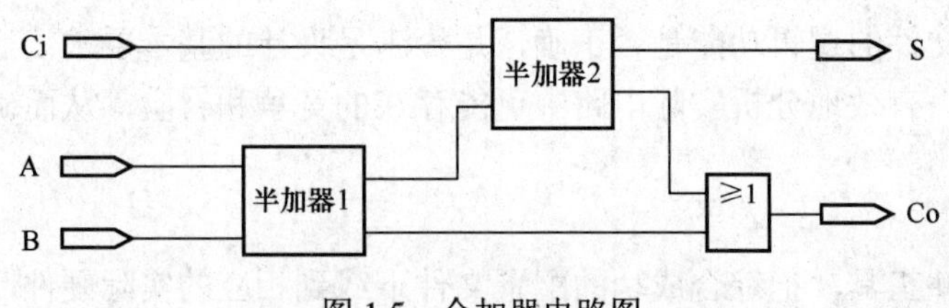

图 1.5　全加器电路图

一、建立工作目录

使用 Quartus II 软件实现的每一项设计都是一个工程，应首先建立一个存储工程项目设计文件的工作目录，该目录被 Quartus II 软件默认为工作库，如 E:\full_adder。注意：文件夹的名称不能用中文。如果设计的规模比较大，可将每个子设计作为相互独立的工程存放在对应的子目录中，将同一工程的所有文件放在同一个目录中以便于管理。

二、建立源文件

打开 Quartus II 4.2 软件，选择 File 菜单下的 New 选项，在弹出对话框的 Device Design Files 选项卡中选择 Block Diagram/Schematic File 选项，表示采用原理图方式输入设计文件，如图 1.6 所示，然后双击该项或单击 OK 按钮，即可打开原理图编辑窗口。

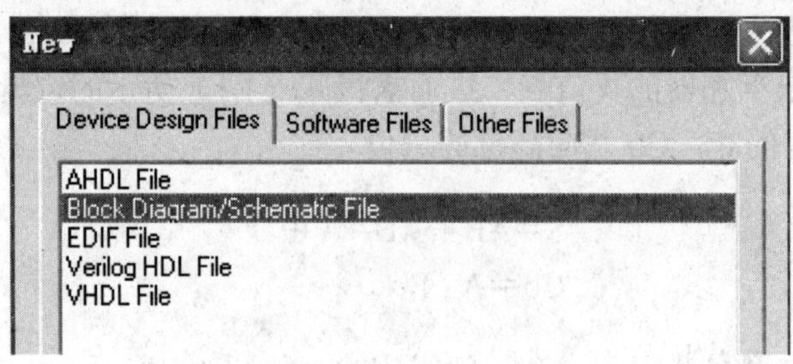

图 1.6　编辑文件的类型

首先设计实现半加器，在编辑窗口的任何位置单击鼠标右键，在弹出的快捷菜单中选择输入元件项（Insert→Symbol），或者在空白位置上双击鼠标左键，将弹出如图 1.7 所示的元件输入对话框。假设 Quartus II 软件安装在 C:\altera\quartus42 目录下，则 Libraries 列表框中会自动显示出元件库目录，然后可以单击该目录查找所需的元件，或者直接在左下角的 Name 文本框中输入元件名称；还可以单击其右侧的“...”按钮查找路径 C:\altera\quartus42\libraries 下的各种基本元件库，找到所需的基本元件后双击将其打开，对应的元件就显示在右侧的预览窗口中，最后单击 Symbol 对话框中的 OK 按钮就可调出该元件，单击鼠标左键可以将该元件置入原理图编辑窗口中。若需要多个同样的元件，则可以选中 Name 文本框下面的 Repeat-insert mode 复选框，然后在编辑窗口中的不同位置单击鼠标左键即可；或者是在编辑窗口中复制该元件，再在其他空白区域粘贴即可。注意：在进行粘贴操作时不能再选中任何元件。

参考半加器电路图，分别调入元件 xor、and2、IO 引脚 input 和 output，然后用鼠标左键选中 Orthogonal Node Tool，使用单击拖动的方法连接各元件，如图 1.8 所示。注意：在连线时不能使线连接后出现“×”，否则表示连线过长，应将其删除以免影响电路功能。最后，在 input 和 output 的 PIN NAME 上单击选中，或者双击弹出如图 1.9 所示的对话框，输入各元件名：A、B、S 和 Co。然后可以将该文件命名为 h_adder.bdf 存储在工作目录 full_adder 下。

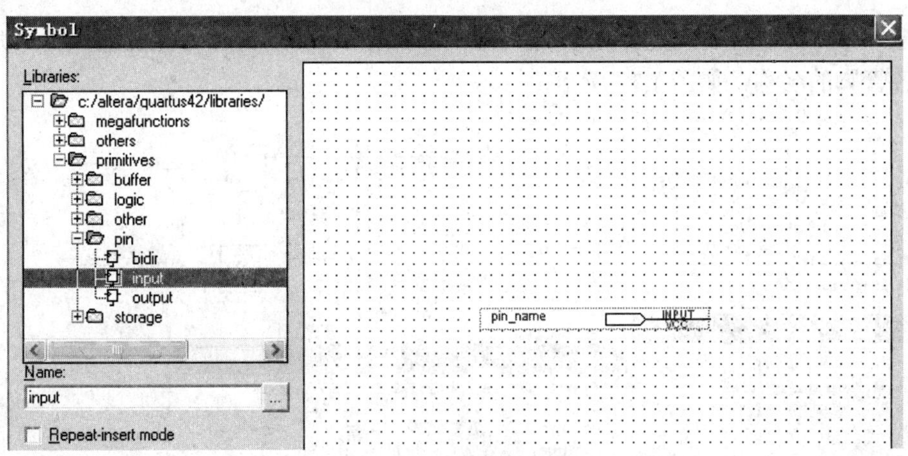

图 1.7　元件输入对话框

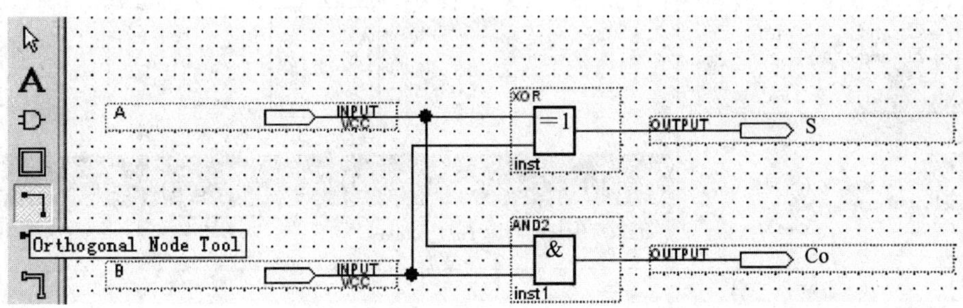

图 1.8　半加器电路图

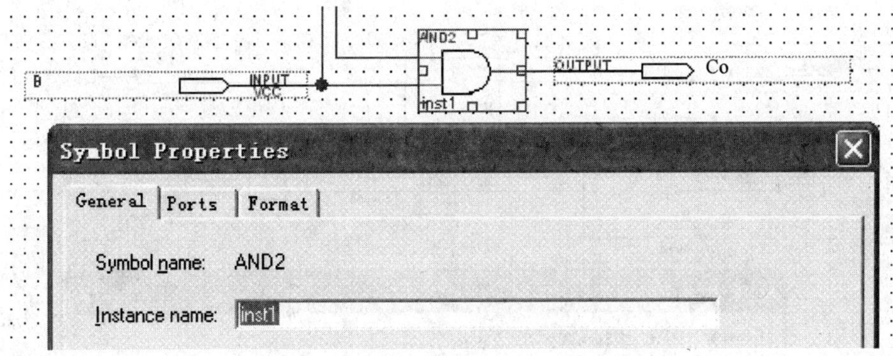

图 1.9　修改元件名称对话框

由于全加器中用到了半加器电路，因此必须将半加器 h_adder.bdf 设置为上层可调用的元件。如图 1.10 所示，首先将半加器原理图文件 h_adder.bdf 打开，然后选择 File→Create/Update→Create Symbol Files for Current File 选项，就可以把当前原理图转换为一个元件符号，并存储在与 h_adder.bdf 相同的目录下，名称自动命名为 h_adder.bsf，该元件可以被高层次设计调用。

当所有需要的底层自定义元件实现以后，可以进行上层电路的编辑。在新打开的原理图编辑窗口中，双击鼠标左键打开元件输入对话框，如图 1.11 所示。单击 Name 文本框右侧的“...”按钮，选择 h_adder.bsf 所在的工程目录并双击该文件，则半加器元件符号就显示在右侧的预览窗口中，然后再调入元件 or2、IO 管脚 input 和 output，连接好全加器电路，并按照要求修改各管脚的名称，如图 1.12 所示。

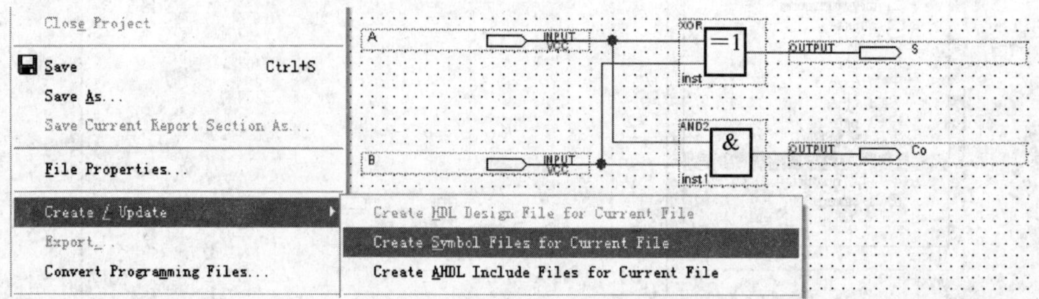

图 1.10 创建元件符号

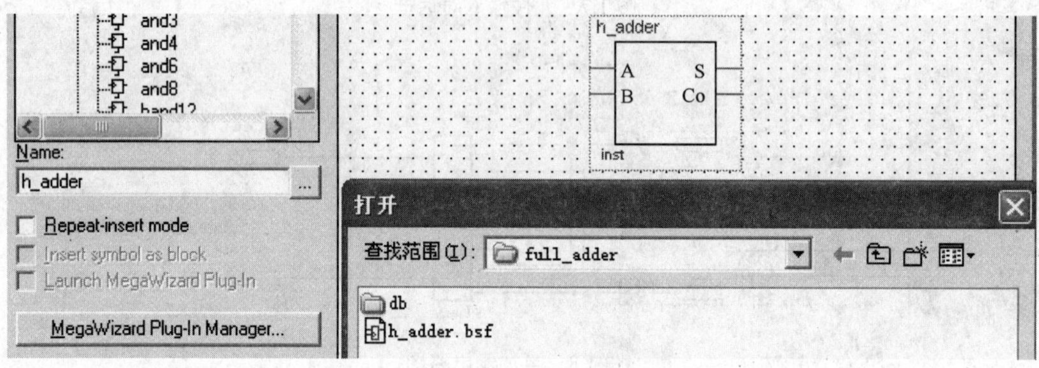

图 1.11 调入自定义元件

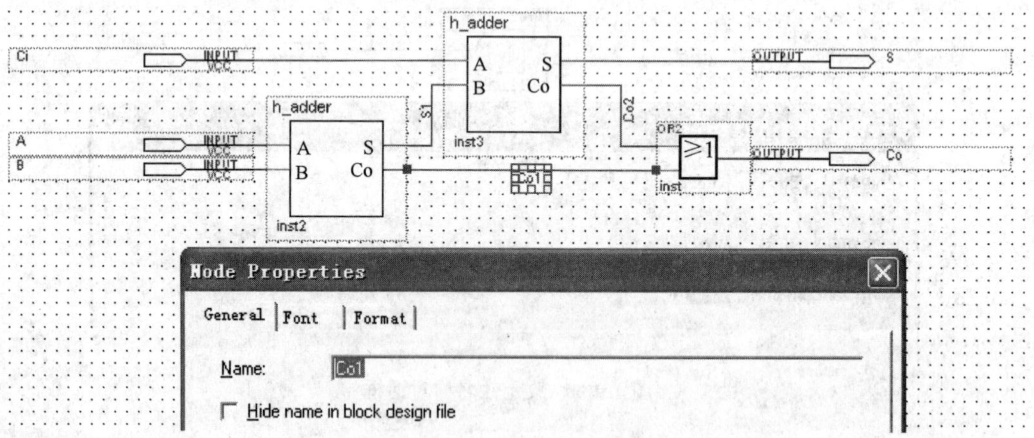

图 1.12 全加器电路图

此外，当需要引用电路图内部的信号时，可以对其内部的连线和元件进行命名，如在全加器原理图中的内部信号 S1、Co1 和 Co2。命名方法如图 1.12 所示，在要命名的连线上单击鼠标右键，在快捷菜单中选择 Properties 选项，在弹出的 Node Properties 对话框中输入连线的名称，并且可以设置在设计文件中是否隐藏该名称。

将该文件命名为 f_adder.bdf 存储在 E:\full_adder 工作目录中。采用这种方法还可以设计更复杂的数字电路系统，不断地将下层设计生成在上层设计中可以调用的元件符号，直到完成最后的顶层设计，实现用户预期的电路功能。

对于1位全加器电路这种简单的设计，使用的电路模块与连线都很少，在原理图输入窗口中能够很容易地实现电路连接，也可以不采用上述分层设计方法，而在同一设计层次上实现整个全加器电路，如图1.13所示。

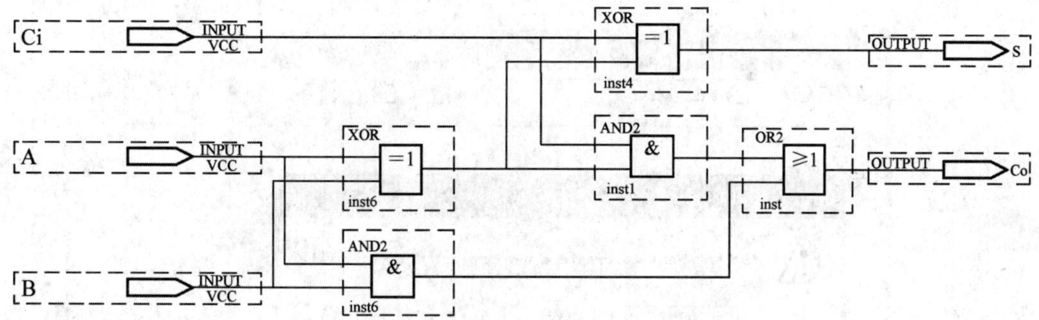

图1.13 全加器的另一种实现方法

在进行复杂数字电路系统的设计时，由于系统中的模块比较多，而且对外的通信端口也比较多，模块之间的相互连接比较复杂，往往用到数据总线、地址总线、控制总线等信号，再加上可见绘制区域有限，给原理图输入设计带来很大困难，容易出现连线难于辨别和错误交叉等情况。

现在仍以全加器电路为例进行说明，图1.14给出了它的另一种连接形式，与图1.12所示的连接方法不同：一是这里使用了 A[2..0] 分别表示 Ci、A、B 三个输入信号，并使用了 Orthogonal Bus Tool 将信号输入全加器，能够减少管脚和连线的数目；二是使用信号名代替两个通信端口之间的连线，例如 input 管脚输入信号 A[1]、A[0]与半加器 inst2 的 A、B 端口相连，能够简化连线的绘制。使用这种方式能够按照任意方式布局各功能模块而不用考虑连线的复杂度，比如将输入信号和输出信号集中放置在一起，并按照功能对其进行适当命名，有利于观察该电路与外界的所有连接信号。

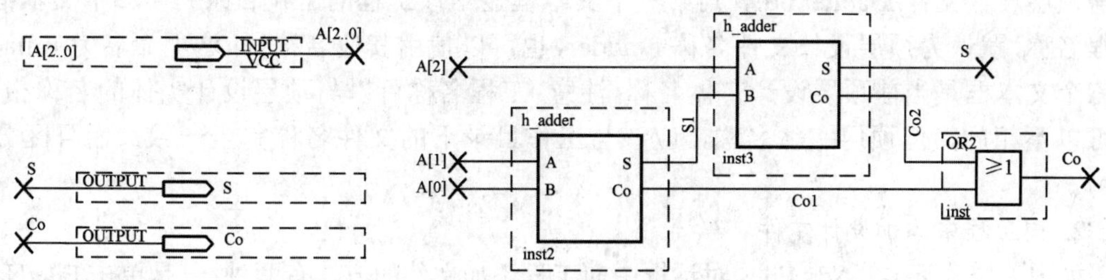

图1.14 全加器电路的另一种连接形式

三、建立工程

Quartus II 软件以工程为单位管理文件，保证了设计文件的独立性和完整性。第一种建立工程的方法如图1.15所示，在保存原理图文件时，若选中“保存为”对话框下方的 Create new project based on this file 复选框，Quartus II 软件会弹出询问是否创建新工程的对话框。因此，在保存一般的原理图输入设计文件时都将该项取消，或者选择“否”，直接存储设计文件。

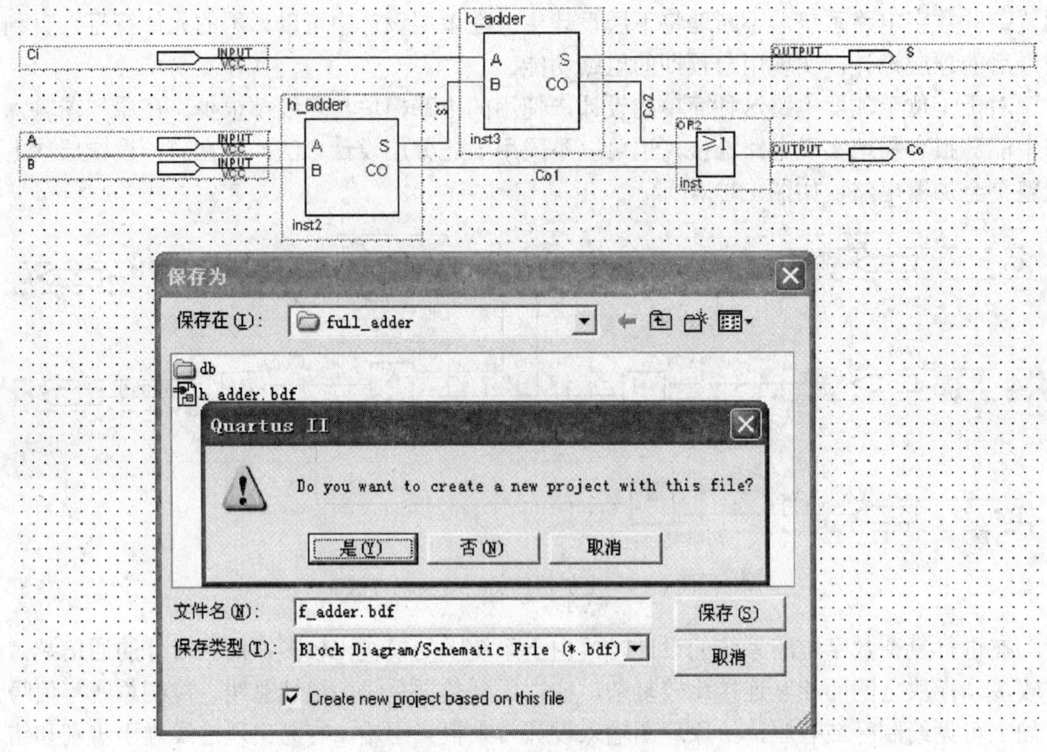

图 1.15　工程建立方法（一）

常用的方法是打开 Quartus II 软件，使用 File→New project wizard 选项创建工程，可以为工程指定工作目录、工程名称和顶层设计实体的名称，还可以指定在工程中使用的各种设计文件、用户库、目标器件系列、具体器件和 EDA 工具等。在全加器设计工程中，以 f_adder.bdf 为顶层设计文件，工程建立过程如下：

1. 选择 File→New project wizard 选项，打开新建工程向导对话框

如图 1.16 所示，单击第一个文本框右侧的“...”按钮，选择存放设计文件的工作目录，双击顶层设计文件 f_adder.bdf，则第一个文本框显示该工程的工作目录；第二个文本框为工程名称，默认为顶层设计文件名称 f_adder，也可以使用其他名称，如这里命名为 fulladd；第三个文本框是当前顶层设计实体名称。注意：工程名称可以与顶层设计实体的名称相同，也可以不相同，但顶层实体名称，应该与工作目录下的文件名称完全一致，而且区分大小写。

2. 向工程中添加设计文件

如图 1.17 所示，在 Add Files 对话框中向工程添加文件的方法有两种：一是单击 File Name 文本框右侧的“...”按钮，从工程目录中选择所有相关的设计文件；二是直接单击 Add All 按钮，将选定的工程目录中的所有设计文件添加进来。

3. 选择目标器件系列和具体器件

在进行设计之前，首先要清楚实验设备所配置的 FPGA 芯片，然后才能进行正确下载和验证。唐都科教仪器公司的 CM3+计算机组成原理实验设备配置的 FPGA 为 Altera 公司的 Cyclone 系列 EP16CQ240C8 芯片，如图 1.18 所示，首先在 Family 下拉列表框中选择目

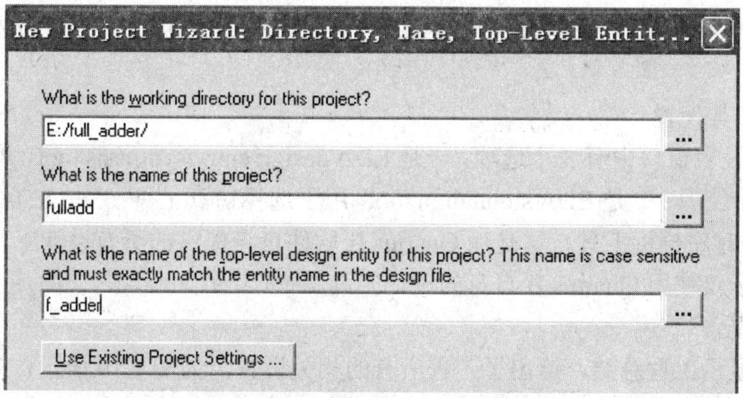

图 1.16 工程建立方法（二）

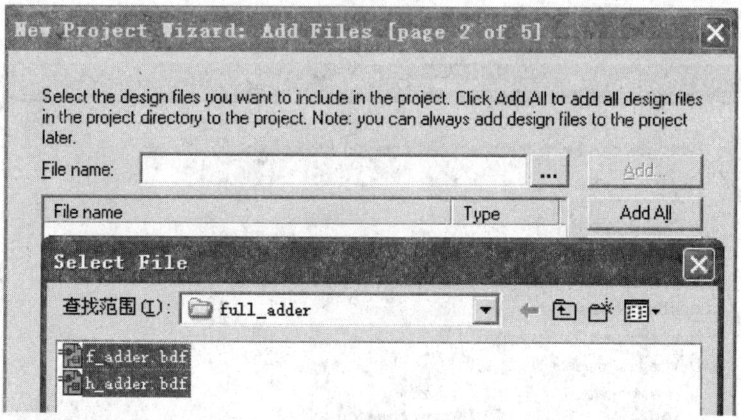

图 1.17 添加设计文件

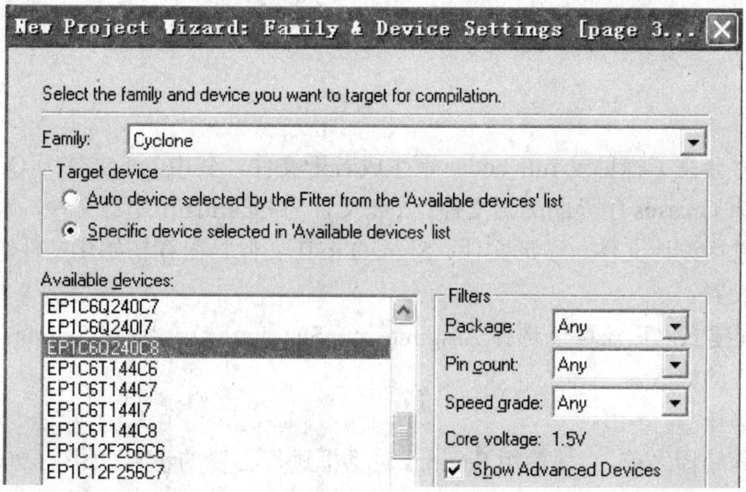

图 1.18 选择目标器件

标器件系列，在此选择 Cyclone 系列，并在 Target device 选项区中选择 Sepcific device selected in 'Available devices' list，之后在 Available devices 列表框中选择 EP1C6Q240C8。其中，EP1C6 表示 Cyclone 系列以及该器件的规模，Q 表示 PQFP 封装，C8 表示器件的速度级别。此外，

若知道器件的封装类型、管脚数和速度级别，还可以通过图 1.18 右下方的 Filters 选项区进行选择。

4. EDA 工具设置

EDA 工具设置窗口中有 3 个选项：一是 EDA design entry/synthesis tool，用于选择设计输入的类型和综合工具；二是 EDA simulation tool，用于选择仿真工具；三是 EDA timing analysis tool，用于选择时序分析工具，这是除 Quartus II 软件自身提供的所有设计工具以外的工具，若都不选择表示仅使用 Quartus II 自身的设计工具。

5. 完成设置

最后一步显示工程总结，给出了工程所有的相关设置，如图 1.19 所示，包括工程目录、工程名称、顶层实体名称、添加的文件数、用户库的数量、目标器件系列和具体器件、EDA 工具等。单击完成按钮，该工程即被创建并弹出 fulladd 工程管理窗口，显示该工程项目的层次结构和各层次的实体名称。

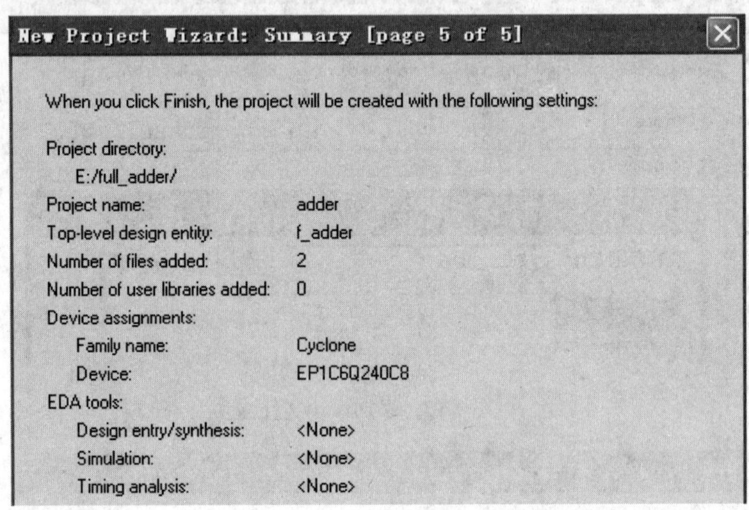

图 1.19 工程建立总结

工程建立时会在工程目录 full_adder 下生成若干文件，其中.qpf 文件为 Quartus II 工程文件；.qws 文件为 Quartus II 界面配置文件；.qsf 文件为 Quartus II 配置文件，它包含有关工程的所有信息，包括设计文件、波形文件、SignalTap II 文件、内存初始化文件等，还包含编译器和仿真器等设置。

此外，工程建立以后还可以选择 Assginment→Settings 选项，使用 Settings 对话框的 Files 项进行设计文件的修改。

四、工程编译

在进行工程编译之前，必须使用 Settings 对话框进行必要的设置，如图 1.20 所示，Category 列表中的 Device 项给出了在创建工程时选定的器件信息。若在创建工程时没有选择，则可以在这里进行设置。

1. 选择配置器件的工作方式

由于 Cyclone 系列 FPGA 是采用 SRAM 工艺制作的芯片，在掉电后信息即丢失，必须外加配置器件在上电时对 FPGA 芯片进行编程，因此要对配置器件的相关设置进行选择。在单

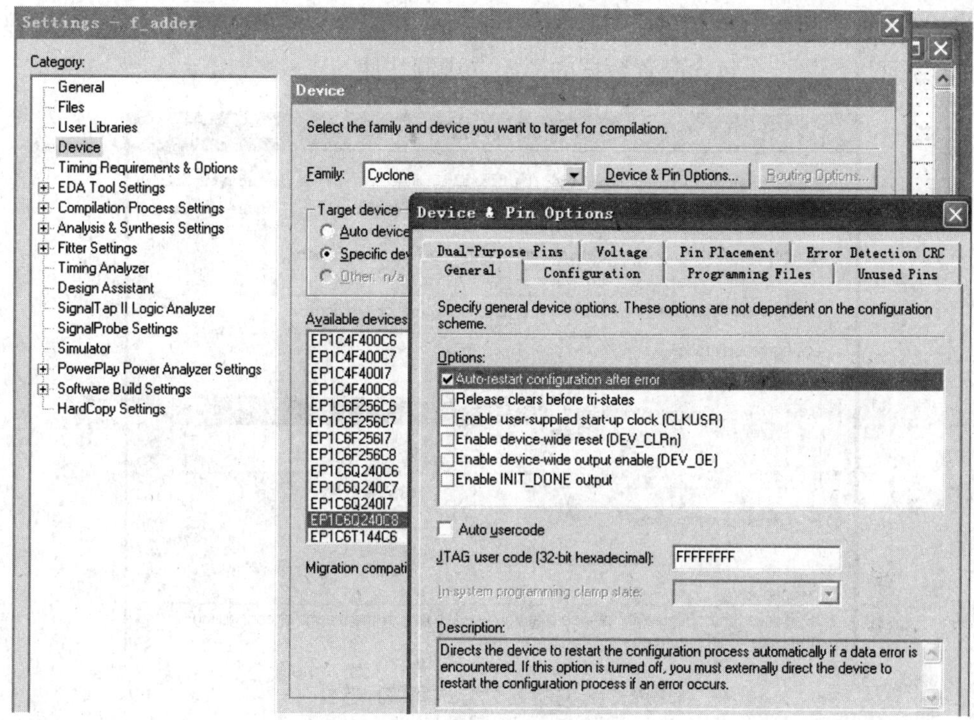

图 1.20 工程设置对话框

击 Device & Pin Options 按钮进入选项对话框后，首先选择 General 选项卡，Options 列表中的 Auto-restart configuration after error 项表示对 FPGA 配置失败后能自动重新配置，若关闭该项，在出现错误时需要从外部重新启动配置过程。其他项以及 Auto usercode 的含义可以在 Description 区域查看，并可以根据设计的实际情况进行选择，如 Enable user-supplied start-up clock（CLKUSR）表示在初始化时指定设备的 CLKUSR 引脚使用用户提供的时钟。

2. 选择配置方式和配置器件

将 FPGA 通过下载线与 PC 连接以后，可以采用 JTAG 方式直接对 FPGA 进行编程，其编程模式分为主动串行方式（AS Mode）和被动串行方式（PS Mode）。如图 1.21 所示，在 Configuration device 选项区中，根据目标器件配置 EPCS 芯片型号，本例的编程器件选择 EPCS1，对 EPSC1 进行编程必须选择主动串行方式，因此配置方式选择为 Active Serial，以实现对 Cyclone 系列器件的编程。

Generate compressed bitstreams 复选框的作用是生成用于 EPSC 的 POF 压缩配置文件，在对 Cyclone 器件进行编程时，器件能够自动识别并进行实时解压。由于 JTAG 方式是串行传输配置信息，压缩以后有利于加快信息的传送速度，在一定程度上能够减小对目标器件的编程时间。

3. 选择可编程文件

在 Programming Files 选项卡可以选择产生的可编程文件，对于具有多种配置方式的器件系列，如果选择了被动配置方式，Quartus II 软件会始终产生一个后缀为.sof 的 SRAM 文件，并且依赖于所选择的配置器件，还产生一个后缀为.psof 的部分 SRAM 文件或者后缀为.pof 的编程文件。注意：在这里选择产生的文件都是由外部控制器用来对 FPGA 芯片进行编程所使用的配置文件。如图 1.22 所示，选中 Raw Binary File（.rbf）复选框表示在生成编程文件的同时，还可以产生一个包含配置数据的原始二进制文件。

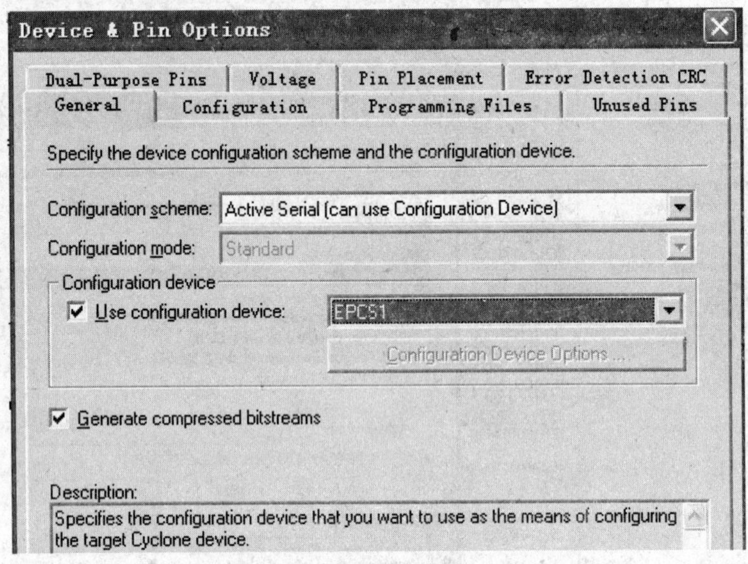

图 1.21 选择配置方式和编程器件

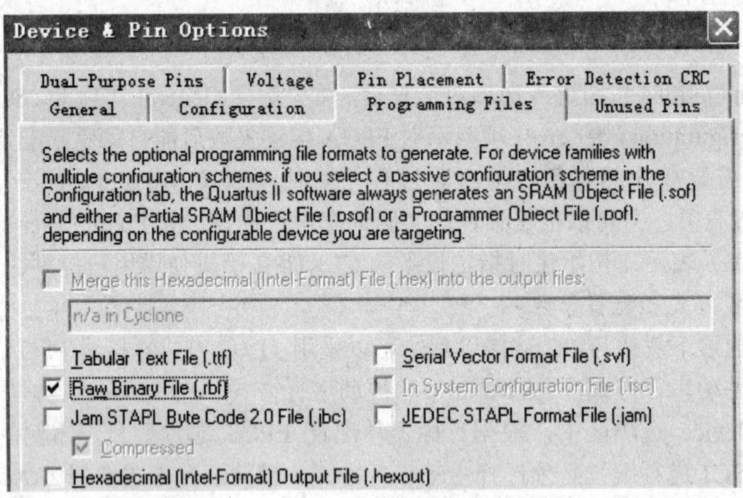

图 1.22 选择不同格式的编程文件

4. 设置闲置引脚状态

在 Unused Pins 选项卡中可以设置设备上所有闲置引脚的状态，图 1.23 给出了闲置引脚的三种状态：呈高阻态的输入状态、呈低电平的输出状态或者输出不确定状态。推荐设置为高阻输入状态。

5. 其他设置

在 Dual-Purpose Pins 选项卡中设置具有两重作用的引脚在配置完以后的使用方法，即在配置过程中这些引脚用于对器件的编程，配置完成后可以设置用于其他功能，如数据传送等。注意：每个引脚的默认设置与当前选择的配置方式有关。

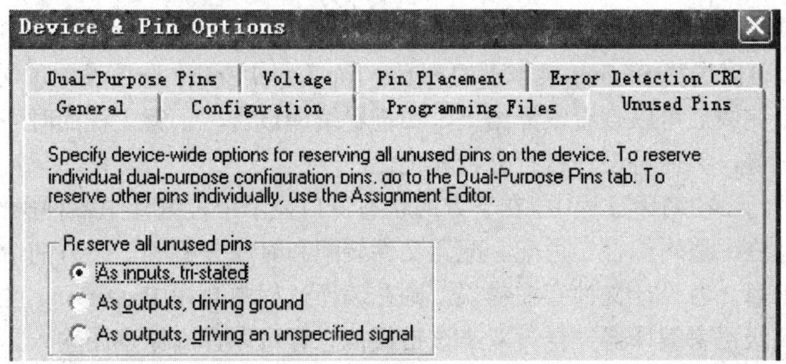

图 1.23　设置闲置引脚状态

Voltage 选项卡用于设置目标器件的引脚使用的 IO 电压标准：LVTTL、LVCOMS、2.5V、1.8V 或者 1.5V。

Pin Placement 选项卡用于调整输入引脚的 LVTTL/LVCOMS 电压和重置默认值的选项设置。注意：重置往往会导致更高的泄漏电流，从而导致设计不能达到预期功能。

Error Detection CRC 选项卡用于设置是否使用 CRC 错误检测及其检测速度。

6. 编译过程设置

图 1.24 给出了编译过程选项的设置。为了使每一次重复编译时的速度更快，可以选中 Use Smart compilation 复选框。注意：某些选项的设置依赖于当前使用的器件系列。

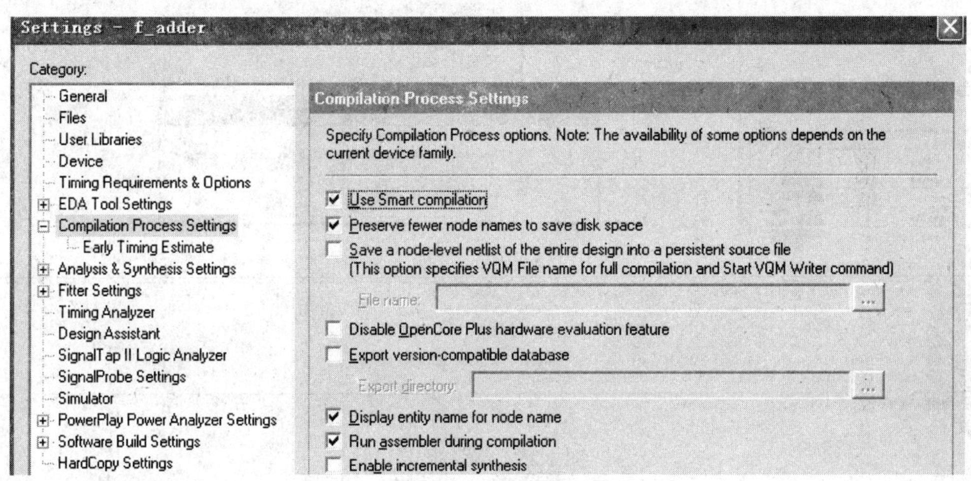

图 1.24　编译过程设置

7. 编译

Quartus II 软件的编译包括对设计输入的多项处理操作，包括检错、数据网表提取、逻辑综合、适配（结构综合）、输出结果的配置文件以及基于目标器件的时序分析。编译器首先检查设计文件中可能出现的错误并给出错误提示，若没有错误则生成一个结构化的网表文件，最终将设计适配到目标器件中，在此过程中同时产生功能和时序信息文件、器件编程文件等不同用途的文件。

在设置完编译前的各种选项以后，选择 Processing 菜单下的 Start Compilation 选项可以启动全程编译，或者使用 Tools 菜单下的 Complier Tool 工具进行编译操作。若当前的工程没有设置顶层文件，可以选择 Project 菜单下的 Set as Top-Level Entity 选项设置顶层文件，之后再进行编译。编译完成后可以查看编译结果，如查看编译报告、了解工程的时序报告以及硬件资源的利用情况等，以便对设计进行分析和优化。

如图 1.25 所示，在编译过程中，左下方的状态窗口显示全程编译中各种操作的执行进度，包括数据网表建立、逻辑综合、适配、配置文件装配和时序分析等，下方的 Processing 区域动态显示编译信息。若设计文件存在错误，则在编译过程中会在 Processing 区域显示出错误信息。与其他高级语言编译器一样，双击该错误信息行可以弹出原理图输入文件或源程序，并将错误使用高亮方式进行标注。排除一个错误后即可编译一遍，因为多条错误信息很可能是由设计文件中的一个错误引起的，直到所有的错误都被排除。

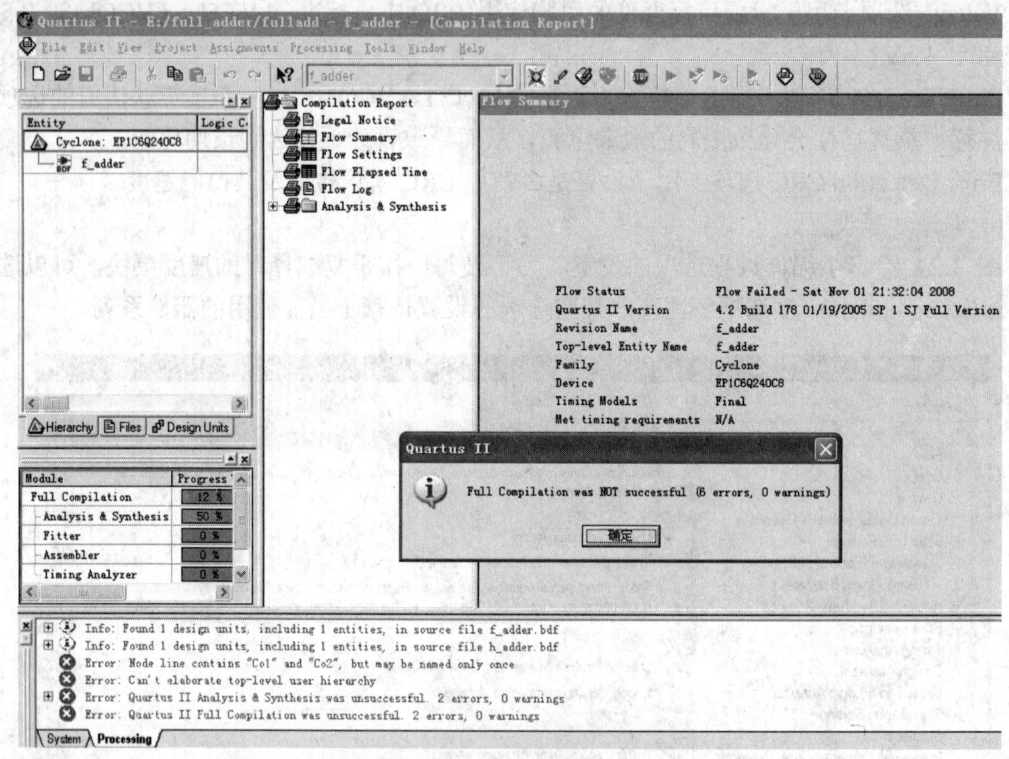

图 1.25 编译报告

若设计文件中不存在错误则能够编译成功，图 1.26 显示了 fulladd 工程的层次结构和各结构模块所使用的逻辑宏单元数、引脚数、内存位数、虚拟管脚数等信息，这些信息还可以从如图 1.25 所示的编译总结（Flow Summary）中查看。

Entity	Logic Cells	LC Registers	Memory Bits	Pins	Virtual Pins	LUT-Only LCs	Register-Only LCs	LUT/Register LC
Cyclone: EP1C6Q240C8								
f_adder	2 (1)	0	0	5	0	2 (1)	0 (0)	0 (0)
h_adder:inst2	0	0	0	0	0	0	0	0
h_adder:inst3	1 (1)	0	0	0	0	1 (1)	0 (0)	0 (0)

图 1.26 资源使用

图 1.27 显示了编译报告的选择菜单，单击 Flow Summary 项可以显示右侧所示的编译总结。由此可知，EP1C6Q240C8 器件总共包含 5980 个逻辑宏单元、185 个引脚、2 个内部 RAM 位和 2 个 PLLs 等，其中显示当前工程使用了 2 个逻辑宏单元和 5 个引脚等，并给出了所占总资源的百分比。通过 Analysis & Synthesis、Fitter、Assembler、Timing Analyzer 项可以查看分析和综合步骤、适配、配置文件装配以及时序分析得到的被编译工程的综合报告、硬件特性适配报告、配置文件装配报告和时序特性报告，设计者可根据综合报告对设计进行修改和优化。从编译报告还可以得知一些常用电路的硬件资源消耗、时序信息等情况，有利于在工程设计中预估用户功能所需芯片的大小和特性。

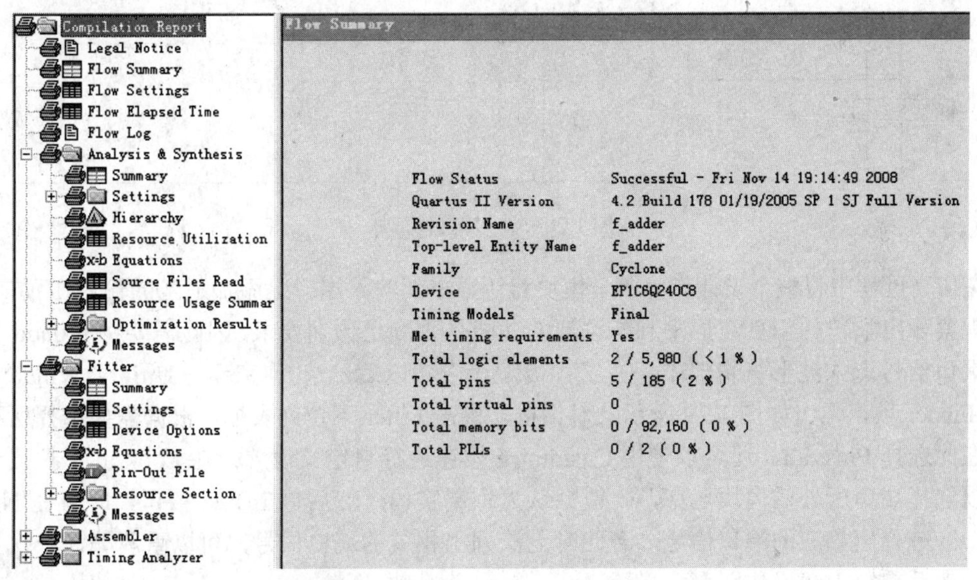

图 1.27　选择菜单

编译操作所必须包含的文件为工程文件.qpf、配置文件.qsf 和所有设计文件.bdf 等，编译过程中会生成中间文件.eqn 文件和 db 目录下的所有文件，正确编译完成后会生成.rpt 报告文件、.summary 总结文件和编程文件.sof、.pof 等。

五、工程仿真

与 C++等高级语言的编译过程类似，编译成功以后说明源程序没有语法错误，而能否实现预期功能还需要进一步调试，检查是否存在逻辑错误。在 Quartus II 软件中工程编译成功后，必须对其进行功能和时序性质的仿真测试，通过仿真波形可以确定设计结果是否满足用户设计要求。

（1）功能仿真：是在没有布线和适配之前，使用源设计文件综合后的文件进行仿真。它忽略信号在逻辑器件和传输线上的延时，并对应各种可能的输入信号仿真得到工程设计的输出信号，以检验输出信号是否满足预期要求。

（2）时序仿真：是将设计综合之后，使用再经过适配器映射到具体芯片后得到的文件进行仿真。它将最基本的门级延时考虑在内，模拟设计在芯片内的实现过程，经过时序仿真后的设计基本上与实际电路是一致的。

在 EDA 设计时通常有两种在输入端添加激励信号的方法：一种是使用波形文件；另一

种是使用激励文件。在 Quartus II 软件中使用矢量波形文件方式的仿真流程包括编辑波形文件、仿真器参数设置、仿真及结果分析等过程。

1. 编辑波形文件

在 Quartus II 软件中选择 File→New 选项，在弹出的 New 对话框中选择 Other Files 选项卡中的 Vector Waveform File 项，双击该项或者单击 OK 按钮可弹出空白的波形编辑器，如图 1.28 所示，在其中可以根据需要对编辑窗口的大小进行调整，单击左侧的 Full Screen 按钮可以将该窗口全屏显示。

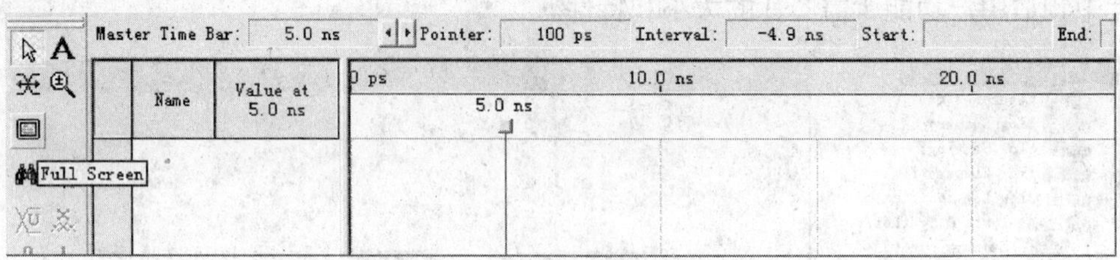

图 1.28 波形编辑窗口

在仿真过程中将整个设计作为一个模块对待，在其输入端口上添加适当的输入激励信号，通过观察输出端口的仿真波形来判断设计的功能是否满足预期要求，因此需要将 fulladd 工程中的端口信号选入波形编辑器中。在工程被编译成功以后，选择 View→Uitility Windows→Node Finder 项，弹出如图 1.29 所示的对话框，单击 Filter 下拉列表框，根据需要选择所列信号，在此选择 Pins: all，还可以使用 Customize 按钮进行自定义设置；在 Look in 下拉列表框中可以选择端口所处的模块名称，一般默认为顶层实体；然后单击 List 按钮，即可在 Nodes Found 区域列出相应的端口信号，若此时无法列出相关的端口信号，可以重新编译一次当前工程，然后重复上述操作即可。

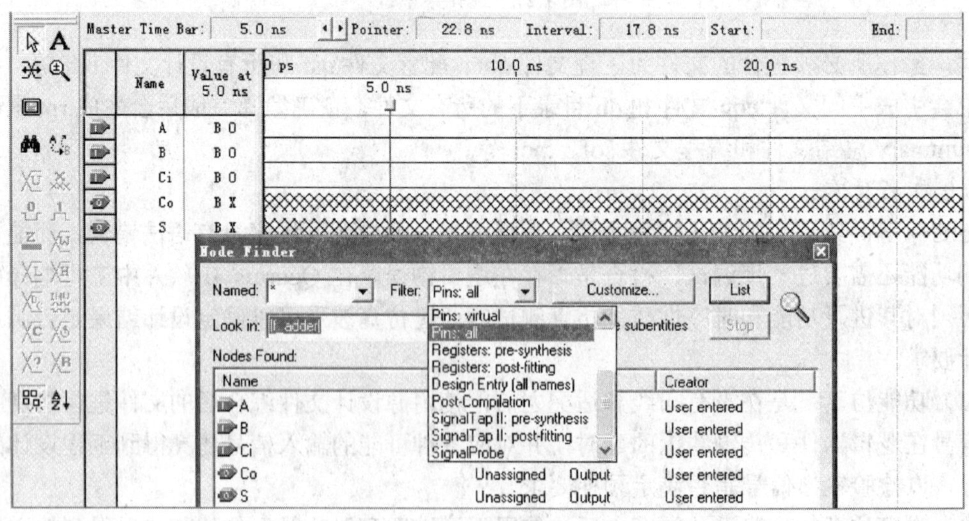

图 1.29 端口添加窗口

接下来，将所需输入端口信号 A、B、Ci 以及输出端口信号 S、Co 分别使用鼠标左键拖动到波形编辑器，或者使用“Shift+鼠标左键”全部选中，或者使用“Ctrl+鼠标左键”选择所需信号后一起拖动到波形编辑器中，然后关闭Node Finder对话框即可。注意：在Node Finder对话框中的任何位置单击右键都可以将其设置为浮动窗口。

新建波形文件的仿真时间一般默认为 1.0μs，可以根据工程设计的实际需要对其进行设置，一般可将其设置在数十到百微秒时间范围内。方法是选择 Edit→End Time 选项，在弹出窗口的 Time 栏中进行时间值及其单位的设置，比如将整个仿真时间长度设置为 100μs，单击 OK 按钮结束设置。

为了便于设置和观察波形，可以在波形编辑窗口中单击鼠标右键，选择 Zoom in/Zoom out 选项，或者使用左侧的放大缩小按钮对整个仿真时间域的显示进行设置，单击鼠标左键扩大其显示精度，单击鼠标右键则缩小显示精度，可以根据设计的需求自行调整。

完成上述操作以后就可以编辑输入波形，在设置某个信号的值时，可以单击信号名使该行呈高亮显示，然后单击 Forcing Low 或 Forcing High 按钮，如图 1.30 所示，首先将 Ci 信号置为 0，使用鼠标左键选择为 1 的区域使其高亮，然后单击 Forcing High 按钮即可，按照这种方法可以对所有的输入端口信号赋值。注意：输入信号的组合应该覆盖所有的可能情况，这样才能充分检测设计的完整功能。对于周期性变化的输入信号可以使用时钟设置（Overwrite Clock）按钮进行赋值，在弹出的 Clock 对话框中，可以设置该信号的周期 Period、占空比 Duty cycle（%）和相位 Phase 的值，输入信号 A 的设置，如图 1.30 中的 Clock 对话框所示。设置好的激励波形如图 1.30 所示，其中，Co 和 S 信号为输出信号，此时其值处于未知状态。

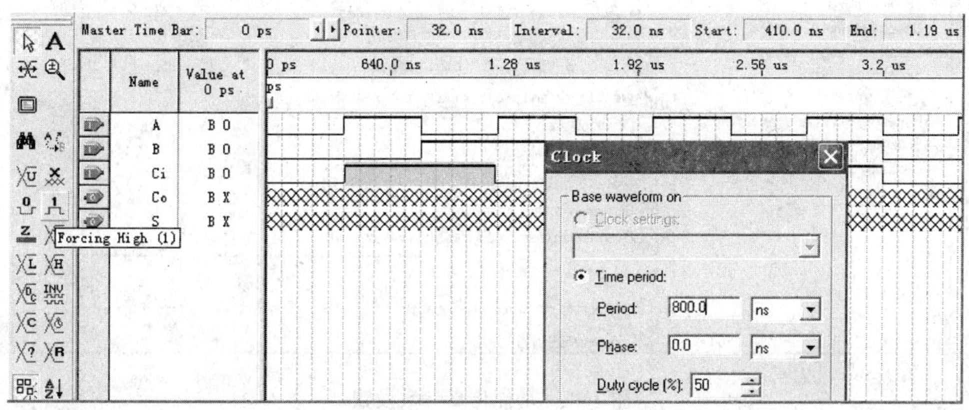

图 1.30 输入波形图

双击端口信号或单击鼠标右键选择 Proerties 选项，可以打开该信号的 Node Properties 对话框，如图 1.31 所示。其中 Name 文本框用于设置或修改信号名称，Type 下拉列表框用于将端口类型设置为 BIDIR、COMB、INPUT、OUTPUT、MEMORY、REG 等，Radix 下拉列表框用于设置显示数据的基值，包括二进制、十六进制、八进制、有符号和无符号十进制等，Bus Width 数值框用于总线宽度的设置。然后可以按照上面的方法对每个信号进行赋值。注意：当前工程 fulladd 中的 S 为单个信号，此处仅仅用于说明总线数据格式的设置。

2. 功能仿真及结果分析

选择 Assignment→Settings 选项打开 Settings 对话框，如图 1.32 所示，然后选择 Category 列表中的 Simulator 项，右侧显示仿真器参数的总体设置情况。在 Simulation mode 下拉列表

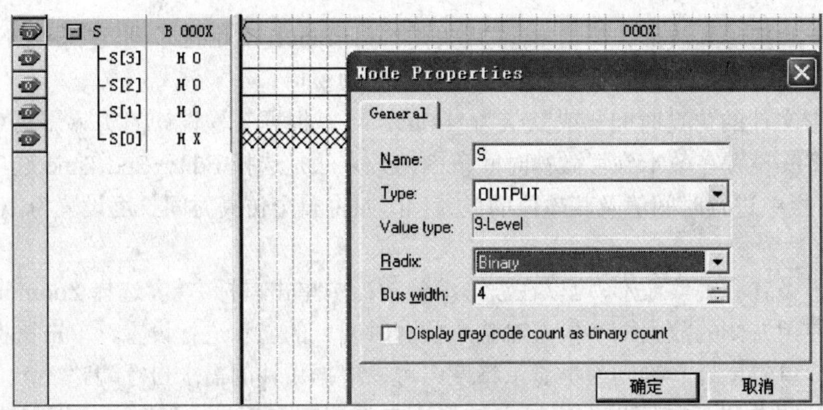

图 1.31 总线数据格式设置

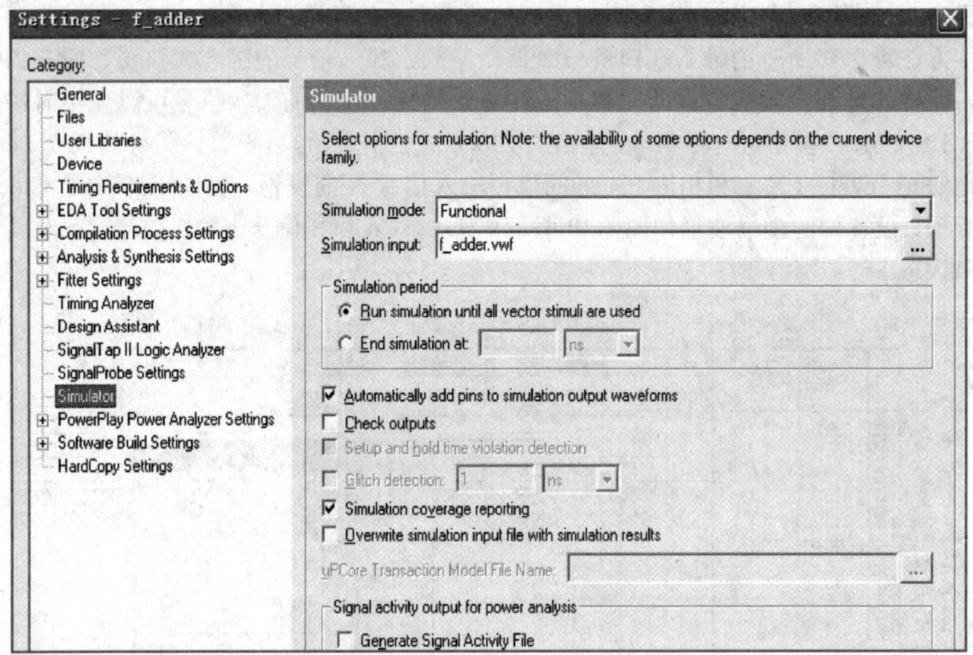

图 1.32 功能仿真参数设置

框中选择 Functional 选项表示进行功能仿真，单击 Simluation input 文本框右侧的“...”按钮选择仿真激励文件 f_adder.vwf; Simulation period 表示仿真的周期，选中 Run simulation until all vector stimuli are used 单选按钮进行全程仿真，或者选中 End simulation at 单选按钮并指定仿真的时间；Simulation coverage reporting 复选框表示仿真完成后报告仿真所覆盖的范围。由于功能仿真不考虑信号传输延时信息，因此毛刺检测 Glitch detection 复选框不可用。

编辑完输入波形并设置相应的仿真器参数后，首先选择 Processing→Generate Functional Simulation Netlist 选项产生用于功能仿真的网表文件，然后使用 Start simulation 启动全程仿真，或者使用 Tools 菜单下的 Simulation Tool 工具进行仿真操作。若仿真过程中出现问题，则会在下方的 Processing 区域显示，可以根据提示信息进行修改。否则，仿真结束后会自动出现 Simulation was successful 成功信息。功能仿真结果波形如图 1.33 所示，在该窗口中可以使用放大/缩小按钮将波形调整到适当尺寸以便于观察；根据全加器的逻辑表达式或者真值表，验证结果波形是否正确，从而判断该电路是否实现了全加器的功能。此外，仿真报告中的 Settings 给出了仿真器的设置参数信息，Summary 和 Messages 分别显示了仿真总结和仿真过程中产生的信息。

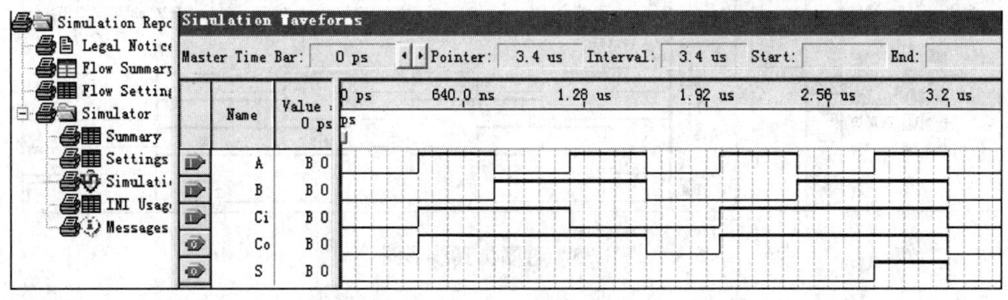

图 1.33 功能仿真结果波形

3. 时序仿真及结果分析

打开 Settings 对话框，然后选择 Category 列表中的 Simulator 项，如图 1.34 所示，在 Simulation mode 下拉列表框中选择 Timing 选项表示进行时序仿真。由于时序仿真考虑了信号在逻辑器件和传输线上的延时信息，此处毛刺检测 Glitch detection 复选框可用，设其检测宽度为 1 ns。其他选项的设置与功能仿真的一样。

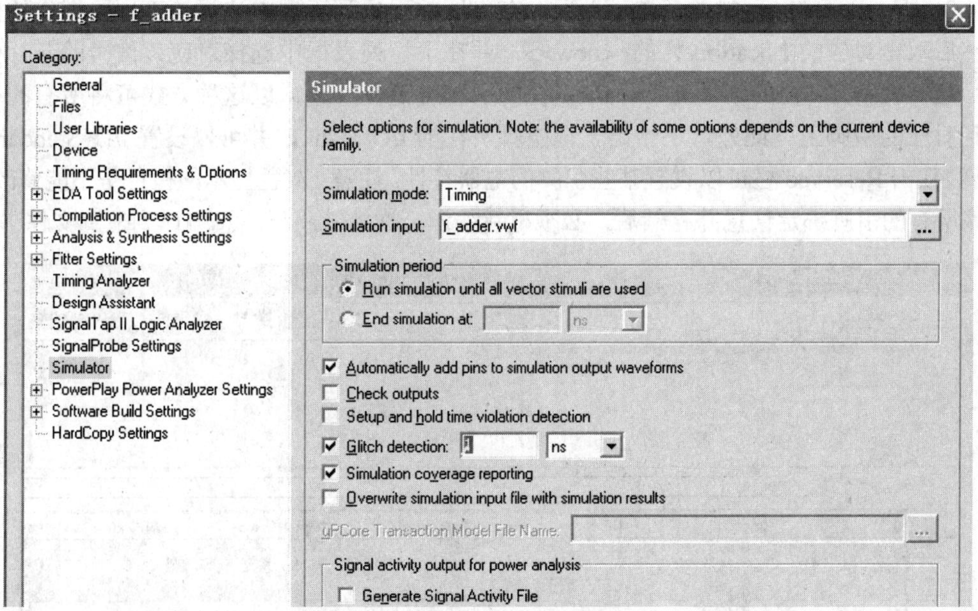

图 1.34 时序仿真参数设置

与功能仿真不同，时序仿真使用的是编译成功后映射到具体芯片后的文件，时序仿真操作正确完成以后，结果波形如图 1.35 所示。由于 FPGA 芯片的内部结构及其工作条件等因素，所设计的电路一般都会出现竞争冒险（毛刺）现象，对比观察两种仿真结果波形图，在时序仿真结果波形图中可以看到一些尖峰信号，这些毛刺在一定程度上会影响电路工作的稳定性。

数字系统中的毛刺是必然的，毛刺产生的原因和消除方法比较复杂，有兴趣的读者可以查阅其他资料。

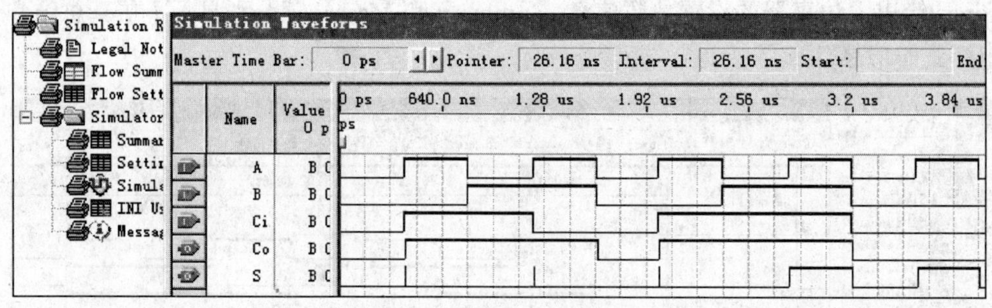

图 1.35 时序仿真波形图

六、引脚绑定和下载

当设计的仿真测试结果与预期结果一致后，可以将设计的输入输出信号绑定到 FPGA 芯片的引脚上，并将绑定引脚后的工程重新编译一次，从而把引脚信息编译到配置文件中。然后，使用 AS 或 JTAG 模式将配置文件下载到芯片内进行实际硬件测试。

1. 引脚绑定

要进行引脚的绑定工作，必须先弄清楚目标器件的引脚信息，并确定工程所用引脚的编号。首先打开进行引脚绑定的工程，然后选择 Assignment→Pins 选项打开引脚绑定编辑窗口，如图 1.36 所示。双击 To 栏的<<new>>后，在出现的下拉列表框中选择该工程要绑定的信号名，然后双击对应的 Location 栏的<<new>>，并在下拉列表框中选择对应该信号的芯片引脚编号，这样就将 To 栏的信号与 Location 栏的引脚绑定在一起，以这种方式可将所有的端口绑定到对应的引脚上。此外，还给出了该引脚所在的 I/O Bank，并可以设置 I/O Standard 的电压值；双击 Reserved 栏可以设置某些引脚的电器特性。注意：灰色显示的栏目是不能修改的。设置完所有的引脚绑定信息并存储后，必须重新编译一次才能将该信息编译到配置文件中。

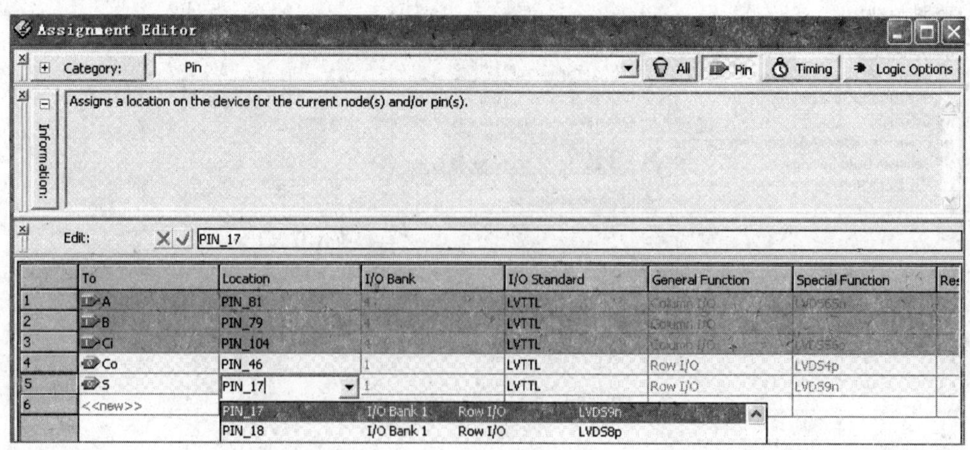

图 1.36 引脚绑定窗口

2. 下载编程

为了将编译产生的配置文件下载到目标芯片中进行测试，首先要将实验箱和计算机并口通过数据线进行连接，可根据实际情况选择相应的编程模式。接通电源以后，在 Tool 菜单中选择 Programmer 选项，弹出如图 1.37 所示的编程窗口。单击左上角的 Hardware Setup 按钮进行下载接口方式设置，在弹出的对话框中单击 Add Hardware 按钮，选择接口类型为 ByteBlasterMV or ByteBlaster II，端口为 LPT1，单击 OK 按钮可将 ByteBlaster II 加入可用接口列表中。然后，双击 ByteBlaster II 或者选中后单击 Add Hardware 按钮，将其设置为当前接口设备，关闭该对话框后，Haredware Setup 栏会显示该设置。

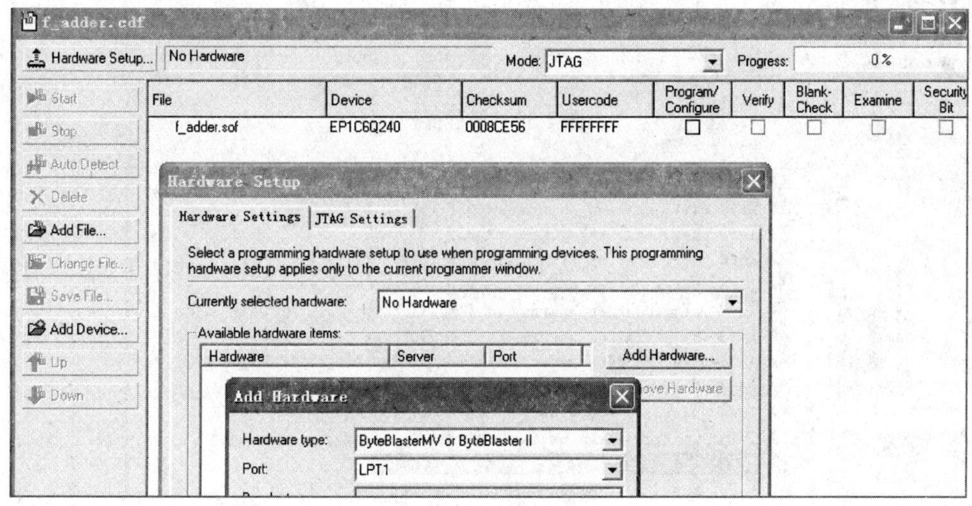

图 1.37 编程窗口

在下载编程以前，根据下载线的连接情况选择 JTAG、Actvie Serial、Passive Serial 或者 In-Socket 编程模式，如图 1.38 所示。比如选择 JTAG 编程模式（此时下载线应该连接到芯片的 JTAG 端口）后，编程器一般会自动检测编程设备、编程文件、校验以及用户代码等信息，JTAG 模式下的编程文件后缀名为.sof。否则，可以单击 Auto Detect 按钮执行自动检测，或者单击 Add File 按钮手动选择编程文件并调入。

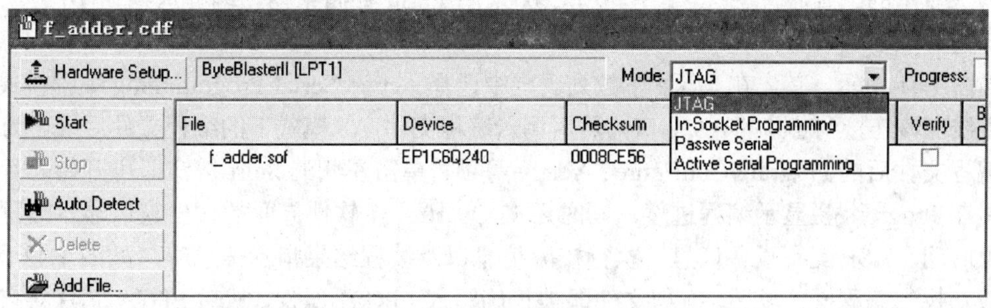

图 1.38 JTAG 编程模式

如图 1.39 所示，选中编程文件后的 Program/Configure 项，然后单击 Start 按钮即可开始芯片的编程，并在 Progress 栏显示编程进度，同时还在 Quartus II 软件界面的输出窗口显示管脚绑定、编程开始和结束时间、设备索引号、JTAG 代码以及编程结果指示信息等，如图 1.40 所示。编程成功以后，在 Quartus II 软件中输入的设计就在芯片内实现运行，连接 FPGA 芯片的外围实验电路后，即可实现用户预定的目标功能。

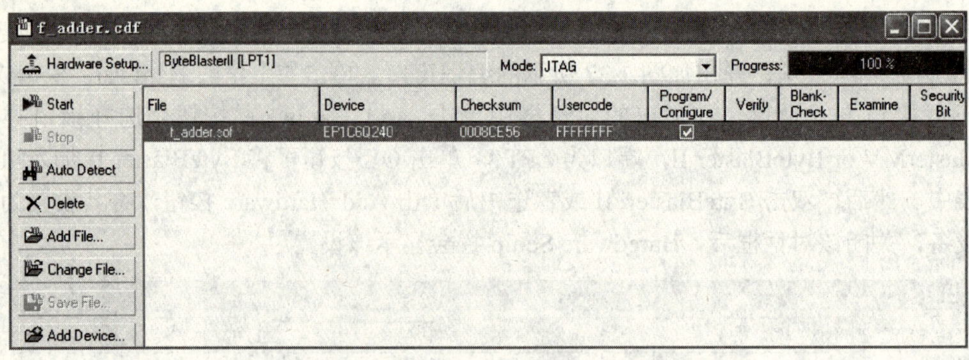

图 1.39 编程操作

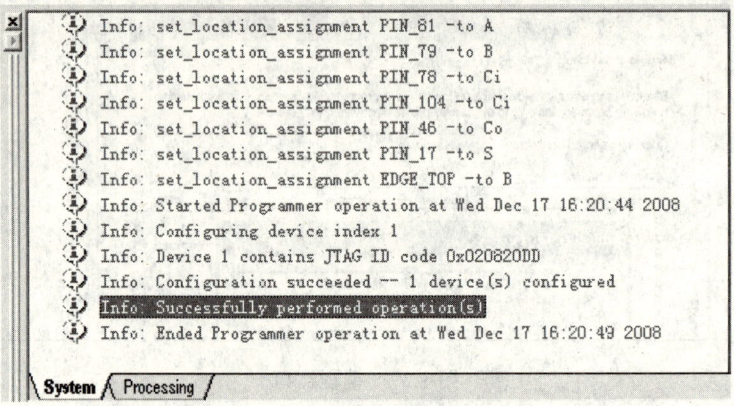

```
Info: set_location_assignment PIN_81 -to A
Info: set_location_assignment PIN_79 -to B
Info: set_location_assignment PIN_78 -to Ci
Info: set_location_assignment PIN_104 -to Ci
Info: set_location_assignment PIN_46 -to Co
Info: set_location_assignment PIN_17 -to S
Info: set_location_assignment EDGE_TOP -to B
Info: Started Programmer operation at Wed Dec 17 16:20:44 2008
Info: Configuring device index 1
Info: Device 1 contains JTAG ID code 0x020820DD
Info: Configuration succeeded -- 1 device(s) configured
Info: Successfully performed operation(s)
Info: Ended Programmer operation at Wed Dec 17 16:20:49 2008
System  Processing
```

图 1.40 JTAG 模式编程信息

使用 JTAG 模式能够实现对 FPGA 芯片的直接编程，由于 Cyclone 等系列 FPGA 芯片是基于 SRAM 工艺制造的，在断电后芯片内的编程信息即丢失，上电后必须重新编程加载设计。为了使 FPGA 在上电后保持原有的编程信息，并能正常工作，可以使用 AS 编程模式将编程文件写入专用的配置芯片 EPCSx 中。EPCSx 采用 Flash 存储结构，编程周期为 10 万次，编程接口为 ByteBlaster II。

如图 1.41 所示，首先在 Mode 下拉列表框中选择 Active Serial Programming 编程模式（此时下载线应该连接到芯片的 AS 端口），然后调入编程文件，AS 模式下的编程文件后缀名为.pof。选中编程文件后的 Program/Configure、Verify 等项，单击左侧的 Start 按钮即可开始芯片的编程，并在 Progress 栏显示编程进度。同时还在 Quartus II 软件界面的输出窗口显示编程开始和结束时间、ASP 配置设备信息、执行校验信息以及编程结果指示信息等，如图 1.42 所示。

成功执行编程操作以后，编程文件即被正确写入 EPCS1 器件，然后 FPGA 芯片将自动被 EPCS1 器件配置并进入运行状态，实现用户预定的功能目标。以后每次使用时，上电后 FPGA 芯片即被 EPCS1 器件自动配置，进入正常的工作状态。

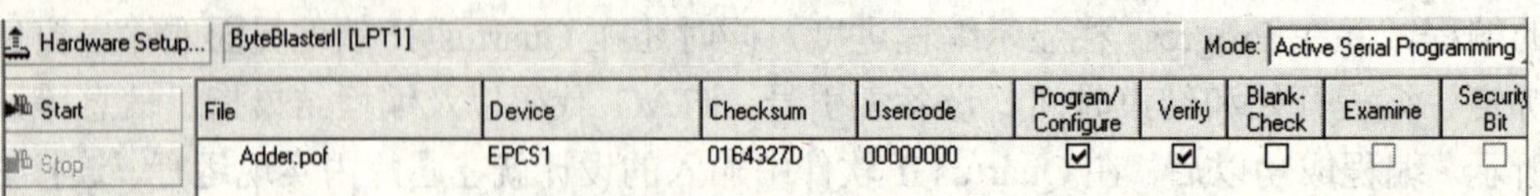

图 1.41 AS 编程模式

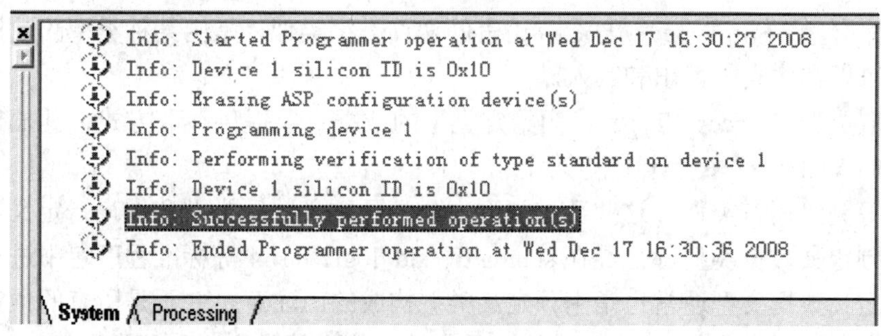

图 1.42 AS 模式编程信息

1.3 基于 VHDL 的设计方法

VHDL 是超高速集成电路硬件描述语言（Very High-Speed Integreated Circuit Hardware Description Language）的缩写，它是 1980 年在美国国防部的指导下开发的，1987 年被美国国防部和 IEEE 确定为标准的硬件描述语言，形成 IEEE1076 标准。1993 年，IEEE 修订了 VHDL 标准，它是目前应用最广泛的版本，很多 EDA 厂商的综合工具都支持该标准。

VHDL 语言具有很强的电路描述和建模能力，不仅能从多个层次对数字系统进行建模和描述，还可以对可编程逻辑器件进行编程，大大简化了硬件设计任务，提高了设计效率和可靠性。与原理图输入方式相比，VHDL 具有与具体硬件电路无关和与设计平台无关的特性，并且具有良好的行为级电路描述和寄存器传输级电路描述的能力，具有良好的层次化、结构化设计能力；VHDL 支持诸如自顶向下设计方法、自底向上设计方法或混合设计方法；可以专心关注系统功能的实现而不用对芯片工艺做过多考虑，有利于加快产品的上市时间。

1.3.1 VHDL 语言基础

一、VHDL 语言要素

在使用 VHDL 语言进行硬件建模时需选用适当的对象和数据类型，与其他程序设计语言一样，综合工具也具有语法检查功能以确保对象和数据类型之间的兼容性。一个对象一旦被声明以后，其类型就确定下来，因此对象只能在给定类型的范围内取值，并且只有相互兼容的对象和数据类型之间才能相互赋值和运算。

1. 数据类型

在 VHDL 中，任何一种数据对象的使用都必须严格限定其类型和取值范围，不同的数据类型体现了硬件电路的不同特征。只有相同（兼容）数据类型的对象才能相互赋值和作用，不同类型或相同类型但不同位宽的对象不能相互赋值，这种强类型检查使得综合工具很容易找出程序中的各种简单错误。VHDL 定义的数据类型大致可分为 4 类。

（1）标量类型（Scalar Type）：是 VHDL 中最基本的数据类型，用于描述单值数据对象，包括位类型、布尔类型、整数类型、标准逻辑类型、字符类型、枚举类型、实数类型、时间类型等。

（2）复合类型（Composite Type）：是由多个单值数据组合而成的数据，包括向量型、字符串型、数组型、记录型等。

（3）文件类型（File Type）：与C++语言的文件类型类似，是由某种类型的数据组成的输入输出流，可以在仿真中读出和写入。

（4）存取类型（Access Type）：为给定类型的数据对象提供存取方式，其抽象程度比较高，在一般的VHDL程序设计中较少用到。

与C++等高级语言类似，这些数据类型也分为预定义数据类型和用户自定义数据类型。VHDL中的预定义数据类型都已经在standard、std_logic_1164等标准程序包中进行了详细定义，用户自定义数据类型通常也是由预定义类型构成的。注意：并不是所有的预定义数据类型和用户自定义数据类型都被EDA综合工具支持，如文件类型、时间类型等。

下面就EDA综合工具支持的部分标量和复合数据类型进行介绍，有关文件类型和存取类型的内容可查阅VHDL文档或其他参考书。

（1）位类型（bit）。位类型在standard库中的定义为：

```
type bit is ('0', '1');
```

其值只有1和0两种，是最基本的逻辑形式，分别表示高电平和低电平，综合器用一个二进制位来表示位数据。位类型数据可以参与逻辑运算，其运算结果仍是位类型。

（2）布尔类型（boolean）。布尔类型在standard库中的定义为：

```
type boolean is (false, true);
```

与位类型相似，实际上是二值枚举类型的数据类型，其值只有fasle（假）和true（真）两种。综合器用一个二进制位来表示布尔量，它没有数值的含义，不能进行算术运算，只能通过关系运算获得，在判断语句中使用。

（3）整数类型（integer）。在VHDL中整数类型的定义为：

```
type intger is range -2147483647 to 2147483647;
```

可以使用预定义的“+”、“-”、“*”、“/”等操作符进行算术运算。为了阅读方便，可以在数字间使用下划线“_”作为间隔符，如12_345_678，也可以使用科学记数法表示。在使用整数时，综合器要求使用range子句为所定义的整数限定范围，以此来决定该整数的位数，否则无法综合。虽然在底层电路中也是用多个二进制位来表示整数，但一般不能直接对其按位操作，可以使用转换函数将其转换为位矢量类型后操作。

（4）标准逻辑类型（std_logic）。标准逻辑类型是位类型的扩展，在std_logic_1164包集合中定义为一个九值模型，每个值为逻辑电平（0、1、未知）和强度（强置、弱、高阻、未定、无关）的组合，代表了实际数字电路在输入输出时呈现的所有状态。

```
type std_ulogic is ( 'U',  -- uninitialized，未定，未知
                     'X',  -- forcing unknown，强置，未知
                     '0',  -- forcing zero，强置，0
                     '1',  -- forcing one，强置，1
                     'Z',  -- high impedence，高阻，未知
                     'W',  -- weak unknow，弱，未知
                     'L',  -- weak zero，弱，0
                     'H',  -- weak one，弱，1
                     '-',  -- don't care，无关，未知 );
subtype std_logic is resolved std_ulogic;
```

其中，强置表示该信号连接电源、地或者是输入激励信号，弱表示经过较大的电阻与电源或地连接，高阻表示晶体管截止，信号与电源或地相隔离。高阻、未定、无关这 3 种信号强度只对应“未知”一个逻辑电平；没有初始化的'U'状态用来检查时序逻辑电路是否被适当的方式初始化。

从定义可以看出，std_logic 是经过 resolved 函数处理的 std_ulogic 类型，但两者的取值集合是相同的，可简单地认为两者是一致的。由于标准逻辑类型的多值性，在编程时应特别注意，因为在条件语句中，若没有考虑到所有可能的取值情况，有的综合器可能会插入不希望的锁存器。

（5）字符类型（character）。字符类型通常用单引号引起来，例如'U'。VHDL 语言对大小写是不敏感的，但引号中字符的大小写是区分的。在 standard 标准库中预定义了 128 个 ASCII 码字符，VHDL-93 还定义了其他字符，包括不能打印的字符总共有 256 个。

（6）枚举类型（enumerate）。在 VHDL 中枚举类型的描述结构为：

```
type 类型名称 is（元素，元素，…）；
```

实际上 bit 类型、boolean 类型、character 类型、std_logic 类型等都使用了这种结构形式进行定义。使用枚举类型可以使设计者在更高层次上进行抽象建模，在状态机和复杂系统的描述中尤其有用。

（7）位矢量类型（bit_vector）。位矢量类型是多个位类型数据构成的数组，在 standard 标准库中的定义为：

```
type bit_vector is array (natural range < > ) of bit;
```

使用位矢量时必须用 to 或者 downto 来注明数组中的元素个数及其排列方式，数值使用双引号引起来，其中数值位可以使用下划线“_”进行分隔。

例如：Signal x : bit_vector (7 downto 0) := "0111_1010"；语句表示高地址存放高位，低地址存放低位，属于小端表示方式；Signal y : bit_vector (0 to 7) := "0101_1110";语句表示低地址存放高位，高地址存放低位，属于大端表示方式。

（8）标准逻辑矢量类型（std_logic_vector）。标准逻辑矢量类型是多个标准逻辑类型数据构成的数组，其使用方式与位矢量类型相同，在 std_logic_1164 包集合中的定义为：

```
type std_logic_vector is array ( natural range < >) of std_logic;
```

在定义和使用这两种矢量类型的数据对象时，必须严格考虑矢量的宽度，只有相同位宽、相同数据类型的矢量才能进行相互作用。

（9）字符串类型（string）。字符串类型是字符数据类型构成的一个非约束型数组，综合器支持字符串数据类型，VHDL 程序对双引号引起来的字符串数据的大小写是敏感的。在 standard 标准库中的定义为：

```
type string is array (positive range < >) of character;
```

字符串分为文字字符串和数位字符串，文字字符串是用双引号引起来的一串文字，与 C++ 等高级语言中的字符串相同。数位字符串是预定义位类型的一维数组，代表的是二进制、八进制或十六进制的数组。在表示数位字符串时，首先要给出计算基数，分别用 B、O、X 表示二、八、十六进制，后面将该基数表示的值放在双引号中。同样，为了阅读方便，可以使用下划线“_”对数位进行分隔。

(10) 数组类型(array)。数组是由一组具有相同数据类型的元素构成的集合，组成集合的数据类型可以是任意的，该集合作为一个数据对象被处理。数组可以是一维或者多维的，但综合器一般只支持一维数组。数组中的元素可以通过下标方式来获取，用以定义数组的下标范围子句决定了数组的元素个数及其排序方式，即下标是由低到高还是由高到低排序。

在 VHDL 语言中允许定义两种不同类型的数组：限定性(constrainted)数组和非限定性(unconstrainted)数组。限定性数组下标的取值范围在定义数组时就被确定了，定义一个限定性数组的结构为：

```
type 数组名称 is array (下标范围) of 元素类型名称;
```

数组的数据类型与元素类型相同，下标范围明确指出数组元素的个数及排序方式，以整数形式表示数组的下标。除了像在 C++等高级语言中定义数组的方式以外，还允许如下定义方式：

```
type x is (high, low);
type data_array is array ( 0 to 6, x ) of bit;
```

即首先定义 x 为两个元素的枚举类型数据，然后将 data_array 定义为有 8 个元素的数组类型，数据类型是位型。

非限定性数组在定义时不给出具体的取值范围，而是在用数组类型定义一个对象时才给定下标范围，因此通过不同的定义取值使得相同的数据对象成为具有不同下标取值的数组类型。定义一个非限定数组的结构为：

```
type 数组名称 is array (数组下标名 range < >) of 元素类型名称;
```

数组的数据类型与元素类型相同，数组下标名是以整数类型定义的数组下标名称，符号“<>”表示下标范围待定，使用该数组类型定义对象时再给定具体的数值范围。例如：

```
type std_logic_vector is array (natural range < >) of std_logic;
signal data : std_logic_vector (7 downto 0);
```

从上述这些定义可以看出，bit_vector、std_logic_vector、string 等类型都是使用 array 类型来定义的。

注意：为了提高综合器的综合效率和优化综合结果，下标一般都使用可计算的值表示。一般来讲，不可计算的下标表示只能在特定的情况下进行综合，而且耗费的资源比较大。

此外，除了 VHDL 中预定义的标准类型，用户可以根据需要修改已定义数据类型的范围限定，形成新的数据类型，这种类型称为子类型(subtype)，定义结构为：

```
subtype 子类型名称 is 已定义类型名称;
```

例如：subtype myint is integer range 0 to 255;语句定义了 myint 子类型，与原类型的使用方法一样。

2. 对象类型

在 VHDL 语言中，可以被赋值的都可以称为对象，主要有 3 类：常量(constant)、变量

（variable）和信号（signal）。常量和变量与其他高级语言如 C++中的定义相似，信号则具有更多的硬件特征，它是电路底层硬件单元连接的抽象。

（1）常量。常量在被创建时就赋予一个某种类型的固定值，在程序运行过程中不能被修改，其目的主要是为了易于阅读和修改程序。常量的一般定义方式如下：

```
constant  常量名 : 数据类型 := 表达式;
```

VHDL 语言要求常量的数据类型必须与表达式的数据类型一致。常量可以在结构体、包集合、实体、块语句、进程和子程序中声明，使用范围取决于它被定义的位置，如在设计实体的某一结构体中定义，则只能在该结构体内使用。

（2）变量。变量是用于存储临时数据的一种对象，既可以在被创建时赋初值，也可以在程序运行过程中修改其值。变量是一种局部量，只能在进程和子程序中使用，而且不能将信息带出被定义的当前结构，与 C++等高级语言中的变量操作相似。变量的定义结构为：

```
variable 变量名:数据类型 [:= 初始值];
```

虽然变量可以赋初始值，但综合器往往会在综合时将其忽略。变量赋值的一般表达式为：

```
变量名 := 表达式;
```

变量的赋值行为是立刻发生的，不存在任何的延时。其中，右侧的表达式或数值必须与变量名具有相同的数据类型，左侧的变量可以是单值变量，也可以是像位矢量这样的一个变量的集合。

在 VHDL 中，变量在综合后可以是一个连线，也可以是一个寄存器，综合的结果取决于变量在时序电路中是否用于保存信号的值，因此在使用变量时应格外注意。

（3）信号。信号是描述硬件电路的基本数据对象，是底层硬件单元连接的抽象。在 VHDL 中，信号可用于并行语句之间的信息传递，也可通过端口实现与其他实体的信息传递。在某种意义上，端口也是信号的一种，只是被限定了输入输出特性，因此创建端口也就创建了一个信号，两者的赋值方式是一样的。信号的声明结构为：

```
signal 信号名称 : 数据类型 [:=初值];
```

与变量一样，信号在声明时可以赋予初值，但在综合时也会被忽略。信号赋值的一般表达式为：

```
信号名 <= 表达式 [after 时间量];
```

类似于信号在连线上传输存在延时，信号的赋值行为也是存在延时的，即信号并不是立刻获得传入的数据，这与变量的赋值过程有很大区别。如果不使用“after 时间量”指定延时时间，则默认存在一个 δ 延时。不过，像“after 时间量”这样的语句在底层电路根本无法实现，因此综合器在综合过程中将其忽略。

信号的定义和使用范围是实体、结构体和包集合，在进程和子程序的顺序语句中不能定义信号。但信号的赋值可以出现在一个进程或子程序中，并且允许在同一进程中对同一信号进行多次赋值，其结果是只有最后的赋值语句被启动并执行赋值操作，属于顺序信号赋值。而在结构体的并行语句结构中，其赋值操作是各自独立并发进行的，属于并行信号赋值，因此在结构体内不允许对同一信号进行多次赋值。

虽然变量和信号的定义方式类似，但在使用上存在很大区别，如表 1.2 所示，使用时应多加注意。

表 1.2 变量与信号的比较

项目	变量	信号
声明位置	只能在进程和子程序内声明	在实体、结构体和包集合内声明
基本用法	作为进程中局部数据存储单元	作为电路中的信号连线
赋值方式	使用:=赋值，变量立刻得到表达式的值，不存在延时	使用<=赋值，信号的赋值存在 δ 延时，在进程的最后对信号赋值，存在信号和表达式的值不一致的可能
作用域	局部对象，只能在进程和子程序内使用	全局对象，可以在实体、结构体、包集合、进程和子程序中使用，可用于不同进程间的数据传递

与其他高级语言类似，包括常量、变量、信号、端口、参数等在内的所有项目都需要标识符来作为它们的名字，名字的长度任意，命名时应表明使用这个项目的目的，不要使用 VHDL 已经预定义的标识符（比如 bit、time 等）和保留字。VHDL 语言中基本标识符的命名规则一般有如下几条：

①有效字符为 a … z，A …Z，0 …9，_。

②英文字母不区分大小写。

③必须以英文字母开头，不能以数字或下划线开头。

④下划线的前后都必须有英文字母或数字，即不能有两个及两个以上连续的下划线。

3. 操作符

VHDL 语言中有 4 种运算操作符，即：逻辑操作符（Logical Operator）、关系操作符（Relational Operator）、算术操作符（Arithmetic Operator）和符号操作符（Sign Operator）。在运算过程中将操作符作用于操作数，操作符标识要进行的计算，操作数标识用于计算的数据。在使用操作符的过程中，要遵守操作符间操作数是相同数据类型的原则，而且该类型必须是操作符所要求的数据类型。例如，VHDL 预定义的算术操作符不能对 bit_vector 和 std_logic_vector 类型的数据进行运算，std_logic_arith 包集合使用子程序对其进行扩展，如果要对这类数据进行算术操作，需要将该包集合包含进来。

与 C++等高级语言类似，操作符也有优先级，如表 1.3 所示，操作符的优先级从上到下逐渐升高。

（1）逻辑操作符。VHDL 中定义了 7 种逻辑操作符：not、and、or、nand、nor、xor、xnor，其中 not 为单目操作符，其他为双目操作符。信号或变量在这些操作符的作用下，可以构成组合电路。逻辑操作符可以对 boolean、bit、std_logic、bit_vector、std_logic_vector 等数据对象进行运算，要求操作符两侧的数据类型必须相同。如果逻辑操作符左边和右边值的类型为数组，则要求这两个数组的位宽相等。

通常，如果一个表达式中使用的操作符相同，且是 and、or、xor 中的一种时，则不需要使用括号；如果在一个表达式中有两个以上不同的操作符，或者含有 and、or、xor 之外的操作符时，一般都要使用括号将这些运算分组，以标明操作符的优先级。例如：A or B or C; 、(A and B) xor C; 、(A nand B) nand C; 等。

表 1.3 操作符及其优先级

类型	操作符
逻辑操作符	And，or，nand，nor，xor，xnor
关系操作符	=，/=，<，<=，>，>=
移位操作符	sll（逻辑左移），sla（算术左移），srl（逻辑右移），sra（算术右移），rol（逻辑循环左移），ror（逻辑循环右移）
求和操作符	+，−，&
符号操作符	+（正号），−（负号）
求积操作符	×，/，MOD（取模），REM（取余）
其他操作符	not，abs，**

（2）关系操作符。VHDL 中定义了 6 种关系操作符：=、/=、<、<=、>、>=，所有的操作结果都是 boolean 类型，这里尤其要注意‘=’、‘/=’等操作符与在 C++等高级语言中的用法区别。

关系操作符“=”和“/=”可以对所有类型的数据进行运算，其他操作符只能对枚举类型、整数类型及其两者对应的一维数组类型的数据运算。在运算时，操作符两边的数据类型必须相同，与逻辑操作符不同，并不要求数据的位宽相等。

在 VHDL 语言中，对位数不同的 bit_vector 或者 std_logic_vector 类型的两个数组比较按照字母排序的方式进行，从最左边的元素开始对比，不管其下标序号是用 to 还是用 downto 定义的，直到发现第一个不同的元素，小者是字母排序在前或数字小的数据，与数组的长短没有关系；但当短数组正好与长数组前面那部分相同时，则短数组小于长数组。

（3）移位操作符。VHDL 中定义了 6 种移位操作符：sla、sra、sll、srl、rol、ror，其含义如表 1.3 所示。移位操作符都是在 VHDL-93 标准中新增的，作用的操作数的数据类型是一维数组，并且要求数组中的元素是 bit 或 boolean 类型，移位的位数是整数。在包集合中重载的移位操作符已经支持 integer 和 std_logic_vector 等类型。

逻辑向左和向右移位时，移空的位填入 0；算术向左移位时，移空的位填入最低位位值；算术向右移位时，移空的位填入最高位位值；向左循环移位时，移空的位填入移出的高位位值；向右循环移位时，移空的位填入移出的低位位值。

（4）求和操作符。VHDL 中定义了 3 种求和操作符：+、−、&，其中加法和减法操作符的运算规则与常规的加减法一致，VHDL 要求操作符两边的操作数必须是相同类型，可以是整数、实数等类型。VHDL 没有预定义 bit_vector 和 std_logic_vector 等类型的加减法操作符，在对这种数组类型的数据做加减操作时，需要使用 std_logic_arith 包集合，它对数组的加减法操作符做了重载，并且要求两边的数组位宽相等。

并置操作符‘&’用于标量和复合类型数据的连接，使用并置操作符可以很容易地将标量或者数组连接形成更大的数组。例如：

```
signal a : std_logic;
signal b : std_logic_vector ( 6 downto 0 );
signal c : std_logic_vector ( 7 downto 0 );
c <= a & b;                --a 作为 c 的最高位，b 作为 c 的低 7 位
```

另外，通过并置操作符也可以实现移位操作，例如：A = "10100011"，则：A <= A(5 downto 0) & A(7 downto 6)实现了 A rol 2 或者 A ror 6 的功能；A <= A(5 downto 0) & A(0) & A(0)实现了 A sla 2 的功能。

（5）符号操作符。VHDL 中定义了“+”、“−”两个单目符号操作符，要求操作数为整数、实数等类型，操作符“+”对操作数不做任何改变，操作符“−”使操作数变为相反数，在实际使用中，取负操作需加括号。

（6）求积操作符。VHDL 中定义了 4 种求积操作符：*、/、mod、rem，其中乘除要求操作数为整数、实数类型，mod、rem 在操作数是以 2 为底的幂时是可综合的，且只能是整数类型。

乘法运算的逻辑实现要求其操作数是常数或是 2 的乘方才能被综合，除法运算要求除数必须是底数为 2 的乘方次常数，从而可将这些操作用位运算实现，除法才能被综合。在 Quartus II 软件中，乘除操作符右边的操作数一般被限制为 2 的乘方。

（7）混合操作符。VHDL 中定义了乘方操作符“**”和取绝对值操作符 abs 两种混合操作符，乘方操作符的左侧操作数可以是任意整数或实数，右侧操作数必须为整数。

在 VHDL 语言中，不同数据类型定义的对象在赋值时都必须遵守严格的规范，不同类型之间的对象不能赋值，相同类型不同位宽的对象之间也不能赋值；而且，操作符对参加运算的数据的类型要求也非常严格，这样非常不方便。为此，IEEE 的一些包集合给出了一些数据类型转换函数，不同类型的数据可以先转换后赋值，如表 1.4 所示，在使用这些转换函数时只需将包集合引入即可。

表 1.4　　常用转换函数

包集合	函数名	输入参数类型	返回值类型
std_logic_1164	to_bit (x)	std_ulogic	bit
	to_bitvector (x)	std_logic_vector	bit_vector
	to_stdulogic(x)	bit	std_ulogic
	to_stdlogicvector(x)	bit_vector	std_logic_vector
std_logic_arith	conv_integer(x)	unsigned/signed	integer
	conv_std_logic_vector(x,位长)	unsigned/signed /integer	std_logic_vector
std_logic_signed /std_logic_unsigned	conv_integer(x)	std_logic_vector	integer

二、VHDL 的基本结构

VHDL 主要是通过对数字电路与系统的模型描述，使得计算机综合出符合要求的电路系统。电路的基本结构由实体（Entity）和结构体（Architecture）两部分构成，实体部分规定了设计单元的输入输出端口信号，结构体部分定义了设计单元的具体结构和行为。一个完整的 VHDL 程序通常包含实体、结构体、配置（Configuration）、包集合（Package）和库（Library）5 个部分，前 4 种是独立可编译的源设计单元。当某个设计含有多个结构体时，用配置描述实体与结构体之间的连接关系；包集合用于存放各个设计能共享使用的数据类型、常数和子程序等；库用于存放编译好的实体、结构体、包集合和配置。

1. 实体

实体是 VHDL 中的重要概念，一般是把实际的物理电路表述为实体，它可以是一个系统、一块电路板、一个芯片、一个单元或者一个门电路。实体用来描述模块的外部接口及其参数，即模块有哪些输入信号、有哪些输出信号、信号的名称和类型是什么，实体的功能就是对该模块与外部电路进行接口描述。在 VHDL 中，实体说明的一般结构为：

```
entity 实体名称 is
    [generic ( 参数名称, …, 参数名称 : 数据类型 [:= 默认值]
              ……
             [; 参数名称, …, 参数名称 : 数据类型 [:= 默认值] ] ); ]
    port ( 端口名称, …, 端口名称 : 端口模式 数据类型
        ……
        [; 端口名称, …, 端口名称 : 端口模式 数据类型] );
end entity 实体名称;
```

其中，entity 为实体说明的关键字，后面的实体名称是该设计实体所描述模块的名称，“entity 实体名称 is”表示开始实体说明，“end entity 实体名称”表示结束实体说明。

实体中的每一个输入输出都是端口，用于说明模块实体内部与外部的信号连接关系，只有定义了端口才能使模块的内外相互通信，端口说明是实体说明最重要的部分。一个端口是一个信号，在说明时省略了关键字 signal。所有的端口都要在 port( )；语句内声明，一个端口的声明包含 3 个部分：端口名称、端口模式和数据类型，其中端口名称往往包含该端口的含义；与芯片的引脚类似，使用端口模式定义端口的传输方向；VHDL 规定只有相同数据类型的端口信号和操作数才能相互作用。具有相同端口模式和数据类型的一组信号可以联合说明，信号之间用逗号隔开，不同组的信号声明之间使用分号隔开，注意最后一组信号的后面不用加分号。

端口的数据类型可以是 boolean、bit、bit_vector、integer、std_logic、std_logic_vector 等。在 VHDL 中定义了 in、out、inout 和 buffer 4 种可综合的端口模式，用于定义端口上数据的流动方式。

①in：定义端口为输入端口，外部信号只能通过该端口输入实体中，该端口在实体内部只能被读取，不能被赋值。

②out：定义端口为输出端口，内部信号只能通过该端口流出实体，该端口在实体内部只能被赋值，不能被读取。

③inout：定义端口为分时复用的双向端口，在实体内部可以对该端口进行赋值，向实体外部输出内部信号的值，也可以在实体外部对该端口赋值，通过该端口读入外部信号的值。

④buffer：定义端口为缓冲输出端口，与 inout 方式相比，当需要读入数据时，只允许内部回读输出的信号，即允许反馈，不能从实体外部读入，而且只能与其他实体的 buffer 类型的端口连接。

参数声明必须放在端口声明之前的 generic()；语句的括号内，包括参数名称、参数类型和可选的参数默认值 3 部分，多个参数之间使用分号隔开，其中最后一个不加分号。

参数声明是一种常数参数的端口界面，类似于 C++语言中的类属参数声明，在实体内部可以将其作为常数使用。与普通常数不同，常数只能从实体内部得到赋值，且在程序运行过程中不能被修改；而实体在其他模块中被例化或者使用配置时，参数可以从实体外部获得数

值，否则使用默认值。因此，使用参数可以很容易地修改一个设计实体或者元件的内部电路结构和规模。

全加器的实体说明语句如下，仅仅声明了实体与外界联系所用的端口。

```
entity full_add is                                   --实体说明
      port ( a, b, cin : instd_logic;                --输入端口及类型
             s, cout : outstd_logic );               --输出端口及类型
end full_add;
```

2. 结构体

结构体是实体所定义模块的具体功能实现部分，描述了实体的内部结构以及与外部实体端口间的逻辑关系。结构体不能独立存在，必须与实体声明一起使用，而且一个实体可以有多个结构体。

在 VHDL 中，结构体的描述结构如下：

```
architecture 结构体名称 of 实体名称 is
     { 声明语句; }
begin
     { 功能描述语句; }
end architecture 结构体名称;
```

其中，architecture 是结构体声明的关键字，这里的实体名称必须与实体声明中的实体名称一致。一个实体可以有多个结构体，但结构体名称不能相同，而且综合器只接受一个结构体。注意：声明语句必须放在 architecture 和 begin 之间，用来对该结构体中将要用到的信号、常量、元件、函数、过程和数据类型等进行说明。

功能描述语句用于描述实体的逻辑行为，根据描述风格的不同可分为行为描述、数据流描述和结构描述，其功能实现是一致的，在复杂的结构体描述中经常搭配使用 3 种描述方式。主要包含进程语句(process)、信号赋值语句(signal assignment)、子程序调用语句(subprogram call)、元件例化语句（component instantation）和块语句（block）等，这些语句都以并发方式运行，与语句的书写顺序没有关系。

（1）行为（Behavioral）描述。行为描述的抽象层次最高，在 VHDL 中通常使用进程顺序描述所设计实体的行为，设计者只需关注实体的行为、函数模型和输出结果，不需要关注电路的门级实现，通过 EDA 工具综合和优化，实现设计的具体功能。全加器的行为描述如下：

```
library IEEE;
use IEEE.STD_LOGIC_1164.ALL;                          --大小写皆可
use IEEE.STD_LOGIC_UNSIGNED.ALL;
entity full_adder is
     port ( a, b, cin : in std_logic;
            s, cout : out std_logic );
end full_adder;
architecture Behavioral of full_adder is              --行为描述结构体
begin
     process(a, b, cin)                               --括号内的任一变量发生变化进程都
                                                      --开始执行
```

```
        variable ai, bi, ci, si : integer;   --声明局部变量
    begin
        if  a = '0'  then                    --转换为整数类型以便进行四则运算
            ai := 0;
        else
            ai := 1;
        end if;
        if  b = '0'  then
            bi := 0;
        else
            bi := 1;
        end if;
        if  cin = '0'  then
            ci := 0;
        else
            ci := 1;
        end if;
        si := ai + bi + ci;                  --进行算术相加运算
        case si is                           --根据运算结果确定输出值
            when 0 =>  s<='0';  cout<='0';
            when 1 =>  s<='1';  cout<='0';
            when 2 =>  s<='0';  cout<='1';
            when others =>  s<='1';  cout<='1';
        end case;
    end process;
end Behavioral;
```

（2）数据流（Dataflow）描述。数据流描述方式主要使用 VHDL 中的标准布尔函数，将信号之间的布尔代数关系用布尔方程表示，描述数据流在控制流作用下被加工、处理、存储的全过程，类似于寄存器传输级的方式描述数据的传输和变换。数据流描述方式既描述电路的行为，也隐含地表示电路的结构。

由如图 1.43 所示的全加器逻辑图可知，全加器的逻辑表达式如式（1.2）所示，由此可以得到全加器的数据流模型如下：

```
library IEEE;
use IEEE.STD_LOGIC_1164.ALL;
use IEEE.STD_LOGIC_UNSIGNED.ALL;
entity full_adder is
    port ( a, b, cin : in std_logic;
           s, cout : out std_logic );
end full_adder;
architecture Dataflow of full_adder is
    signal s1 : std_logic;
begin
    s1 <= a xor b;
    s <= s1 xor cin;
    cout <= (a and b) or (s1 and cin);
end Dataflow;
```

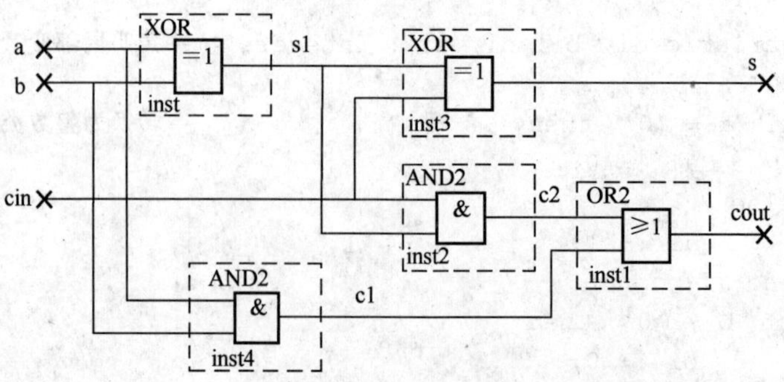

图 1.43 全加器逻辑图

（3）结构（Structural）描述。结构描述主要通过对下层模块的声明和调用以及端口映射连接层模块，描述所设计实体的结构组织和元件的互联关系，构成电路的结构性描述，即内部各元件之间的连接。结构描述法不明显地描述电路的行为，需要通过分析元件的行为和各元件之间的连接关系才能了解其行为。

如图 1.43 所示，首先实现全加器顶层设计中出现的下层模块 xor、and、or 等，然后再进行全加器的顶层结构设计，最后将所有的设计文件添加到工程中编译即可。全加器的结构描述如下：

```
library IEEE;
use IEEE.STD_LOGIC_1164.ALL;
use IEEE.STD_LOGIC_UNSIGNED.ALL;
entity full_adder is
     port ( a, b, cin : in std_logic;
              s, cout : out std_logic );
end full_adder;
architecture Structure of full_adder is
     component xor21                                         --元件声明
        port ( x, y : in std_logic;
                 z : out std_logic);
     end component;
     component and21
        port ( x, y : in std_logic;
                 z : out std_logic );
     end component;
     component or21
        port ( x, y : in std_logic;
                 z : out std_logic );
     end component;
     signal s1, c1, c2 : std_logic;
begin
     xor1 : xor21 port map(x => a, y => b, z => s1);         --元件例化，相当于
                                                             --函数调用
     xor2 : xor21 port map(x => cin, y => s1, z => s);       --端口映射采用名字
                                                             --关联方式
     and1 : and21 port map(x => a, y => b, z => c1);
     and2 : and21 port map(x => cin, y => s1, z => c2);
     or1 : or21 port map(x => c2, y => c1, z => cout);
end structure;
```

and21 模块的实现如下：

```
library IEEE;
use IEEE.STD_LOGIC_1164.ALL;
use IEEE.STD_LOGIC_UNSIGNED.ALL;
entity and21 is
     port ( x, y : in std_logic;
              z : out std_logic );
end and21;
architecture Behavioral of and21 is
begin
     z <= x and y;
end Behavioral;
```

or21 模块的实现如下：

```
library IEEE;
use IEEE.STD_LOGIC_1164.ALL;
use IEEE.STD_LOGIC_UNSIGNED.ALL;
entity or21 is
     port ( x, y : in std_logic;
              z : out std_logic);
end or21;
architecture Behavioral of or21 is
begin
     z <= x or y;
end Behavioral;
```

xor21 模块的实现如下：

```
library IEEE;
use IEEE.STD_LOGIC_1164.ALL;
use IEEE.STD_LOGIC_UNSIGNED.ALL;
entity xor21 is
     port ( x, y : in std_logic;
              z : out std_logic );
end xor21;
architecture Behavioral of xor21 is
begin
              z <= x xor y;
end Behavioral;
```

3. 配置

一个实体虽然可以具有多个结构体，但综合器只接受一个，即在最终形成电路时只能使用一种结构体作为实体功能实现的描述，此时需要使用配置将实体与对应的结构体连接起来。配置语句的一般格式如下：

```
configuration 配置名称 of 实体名称 is
     for 结构体名称
     use
         配置项;        --包括使用的结构体以及端口映射等
     end for
end 配置名称;
```

其中，configuration 是配置声明的关键字，其中实体名称必须与实体说明中的名称一致。

配置并不是所有 VHDL 代码必须的组成部分，可以用来为较大的系统设计提供工程组织和管理，在仿真器中可为实体配置不同的结构体以便比较不同结构体的仿真差别，或者为例化的元件实体配置不同的结构体而形成目标例化元件层次构成的设计实体等。

4. 包集合

与 C++等高级语言类似，可以将用户定义的类型、常量、函数声明等单独写入一个头文件，在使用时将其包含进来即可，VHDL 中的包集合具有类似的作用，用于存储在设计中反复用到的常量、数据类型、过程和函数声明等。

包集合的描述结构如下，由包集合声明和包集合体两部分构成，其中 package 是包集合声明的关键字，package body 是包集合体的关键字，两处的包集合名称必须一致，两者的关系类似于 C++语言中的头文件和实现文件。同样，包集合体并非总是必须的，包集合声明可以独立定义和使用。

```
package 包集合名称 is
    包集合声明语句;
end 包集合名称;
package body 包集合名称 is
    包集合体描述语句;
end 包集合名称;
```

与 C++中#include 语句功能类似，这里使用 use 语句引入用到的包集合。常用的预定义包集合有：

①std_logic_1164 包集合。它是 IEEE 库中最常用的标准包集合，包含一些数据类型、子类型、函数等的定义，其中有两个满足工业标准的 std_logic 和 std_logic_vector 数据类型。

②std_logic_arith 包集合。它在 std_logic_1164 包集合的基础上扩展了 3 个数据类型，即 unsigned、signed 和 small_int，并定义了相关的算术操作符和数据类型转换函数，该包集合已经预编译在 IEEE 库中。

③std_logic_unsigned 和 std_logic_signed 包集合。与前者相比，后者定义的是有符号的运算，都已经预编译在 IEEE 库中。该包集合重载了可用于 integer、std_logic、std_logic_vector 等类型数据的混合运算的操作符，并定义了 std_logic_vector 到 integer 的类型转换函数。

④standard 和 textio 包集合。两者是 std 库中的预编译包集合，前者定义了许多基本的数据类型、子类型和函数；后者定义了支持文件操作的许多类型和子程序，仅供仿真器使用。

5. 库

库用来存放已经编译的实体、构造体、包集合和配置，一个设计单元可以访问多个库，能够重复利用已有的设计模块。VHDL 的库分为两种类型：一种是设计库，主要包括 std 库和 work 库，std 库中含有 standard 和 textio 两个程序包；work 库是 VHDL 语言的工作库，设计者在项目设计中的任何中间文件都放在 work 库中，用于保存当前正在进行的设计。另一种是资源库，它是除了 std 和 work 之外的其他库，其中有些是被 IEEE 所认可的 ieee 库。各 EDA 公司都有自己的资源库，是常规元件和标准模块存放的库，可以丰富元件的类型，增加模块的可重用性，以提高设计的效率和可靠性。

使用库的方法是在该设计项目的开头声明选用的库名，用 use 语句声明选中的包集合，在工程设计中库和包集合通常是联合使用的。例如：library ieee; 语句的含义是将 ieee 库引入到设计文件；use ieee.std_logic_1164.all; 语句是指定使用 std_logic_1164 包集合中的所有设计单元。

在 VHDL 语言中，最常用的库有 ieee 库、std 库和 work 库。

①ieee 库包含有 IEEE 标准的包集合和其他一些支持工业标准的程序包，该库中的 std_logic_1164、std_logic_arith、std_logic_signed、std_logic_unsigned 4 个包集合基本满足基于 FPGA/CPLD 的开发。由于库中的包集合并非符合 VHDL 语言标准，在使用时必须在实体前面显式引入。

②std 库含有 standard 和 textio 包集合，符合 VHDL 语言标准，在 VHDL 环境中的每一项设计都会自动将其包含进去。

③work 库是用户进行 VHDL 设计的工作库，用于存放用户定义的一些设计单元和包集合，是项目开发过程中各种 VHDL 工具处理设计文件的地方，自动满足 VHDL 语言标准，在实际使用中不必显式引入。

在 VHDL 语言中，库与库之间是相互独立的，不能相互嵌套，其中 work 库和 std 库是工程项目中的每个单元都要用到的。

三、VHDL 描述语句

在 VHDL 中采用顺序语句（Sequential statements）和并发语句（Concurrent statements）两类描述语句描述系统的硬件结构和逻辑功能。

1. 顺序语句

顺序语句只能出现在进程和子程序中，按照语句在程序中的先后书写顺序执行。在 VHDL 中，顺序语句主要有以下几种。

（1）赋值语句。赋值语句分为变量赋值语句和信号赋值语句，在进程中使用，作为顺序描述语句的构成部分。VHDL 要求赋值符号两边的操作数类型必须一致，有关变量和信号赋值操作的区别见“对象类型”小节。

（2）if 语句。VHDL 中的 if 语句与 C++语言中 if 语句的功能相同，根据条件表达式的结果选择相应的分支加以执行，同样也允许 if 语句的嵌套使用。3 种基本语法结构为：

①if … then … end if 结构，主要用于描述触发器等记忆元件。

②if … else … end if 结构，最典型的应用是二选一多路选择器，也常用于缓冲输出。

③if … elsif … else … end if 结构，这里的条件选择是有优先级的，多个条件表达式之间可以有重叠的部分，但只有最高优先级的真值表达式对应的语句被执行。

与 C++语言中的 if 语句不同，在 VHDL 中若出现不完整的 if 语句，即没有将所有可能的条件列举全面时，在综合的过程中将会引入时序元件。因此，在设计纯组合逻辑电路时应避免出现这种情况。同时，利用这种不完整的条件语句描述构建时序电路的方式也是 VHDL 描述时序电路的重要途径之一。

（3）case 语句。VHDL 中的 case 语句与 C++语言中的 switch 语句的功能相同，按照给定表达式的取值选择相应的分支加以执行。case 语句的一般表述如下：

```
case 表达式 is
     when 选择值或标识符  => 顺序描述语句;
     when 选择值 i | 选择值 j | …  => 顺序描述语句;
     when 选择值 k to k+m  => 顺序描述语句;          --m>0
```

```
    ……
    when others  => 顺序描述语句;
end case;
```

其中，表达式的值可以是整数类型、枚举类型或用枚举结构定义的其他类型，如 bit_vector、std_logic_vector 等。子句中的“=>”不是操作符，其含义相当于 then。

与 if 语句不同，case 语句的多个选择值之间没有优先级，因此其选择值只能出现一次，不允许有相同选择值的多个条件语句出现；case 语句在执行中必须选择其中的一条执行。

与 if 语句一样，为了使条件句中的所有选择值能覆盖表达式的所有取值，case 语句中包含 when others 条件句。否则，当所列举的条件不能完全覆盖表达式的取值情况时，在综合过程中会引入不必要的时序元件。

（4）loop 语句。loop 语句是循环控制语句，使所包含的一组顺序语句按指定的循环次数执行，通常是不可综合的，一般不用于寄存器传输级的电路系统建模中。这里仅给出它的几种语法结构：

①单纯 loop 语句。

```
[循环标签 : ] loop
    顺序描述语句;
    { next [循环标签] [when 条件表达式]; }
    { exit [循环标签] [when 条件表达式]; }
end loop [循环标签];
```

以 next 语句为例，3 种执行情况为：

- ✓ 当 loop 内的顺序语句执行到 next；语句时，则无条件终止当前的循环，跳回该循环的 loop 处开始下次循环，类似于 C++语言中的 continue 语句。
- ✓ 当 loop 内的顺序语句执行到“next 循环标签;”语句时，跳转到指定循环标签处重新开始执行循环操作。
- ✓ 当 loop 内的顺序语句执行到“next 循环标签 when 条件表达式;”语句时，若条件表达式为真值，则跳转到指定循环标签处，否则继续执行本次循环的后续语句。

②while … loop 语句。

```
[循环标签 : ] while 条件表达式 loop
    顺序描述语句;
    { next [循环标签] [when 条件表达式]; }
    { exit [循环标签] [when 条件表达式]; }
end loop [循环标签];
```

该语句使用条件表达式控制循环过程，每次循环开始都要对条件表达式进行运算，若结果为真值则执行循环，否则结束循环语句。

③for … loop 语句。与 C++语言中的 for 循环语句类似，使用一个整数类型的循环控制变量控制循环体执行的次数，语法结构如下：

```
[循环标签 : ] for 循环变量 in 变量范围 loop
    顺序描述语句;
    { next [循环标签] [when 条件表达式]; }
    { exit [循环标签] [when 条件表达式]; }
end loop [循环标签];
```

与 C++语言不同，这里的循环变量不需要预先声明，只能在循环体内使用，在外部是不可见的；而且只能被读取，不能被赋值。

（5）wait 语句。wait 语句在进程（过程）中用于控制程序状态的变化，当执行到 wait 语句时，运行程序将被挂起，直到设定的条件满足时程序才重新开始执行。VHDL 规定，在已列出敏感信号的进程中不能再使用任何形式的 wait 语句。对于不同的结束挂起条件的设置，wait 语句分为 4 种。

①wait;

单独的 wait 语句表示无限制等待下去。

②wait on 敏感信号表;

当进程执行到 wait on 语句时将会挂起，当处于等待状态时，敏感信号表中的任一信号发生变化将结束挂起，继续执行后续语句。

③wait for 时间表达式;

当进程执行到 wait for 语句时将会挂起，等待时间表达式所指定的时间后继续执行后续语句。

④wait until 条件表达式;

当进程执行到 wait until 语句时将会挂起，当表达式的任何一个信号发生变化时，表达式的结果会被重新计算，若结果为真则继续执行后续语句，否则继续保持挂起状态。

在使用 wait 语句进行建模时，wait、wait on、wait for 语句是不可综合的，而且 wait until 语句也只有在条件表达式为时钟的边沿时是可综合的，一般的表达形式为：

```
wait until 信号'event and 信号=value;
```

（6）return 语句。返回语句只能用于子程序体中，与 C++等高级语言程序中的含义类似，return；语句只能用于过程，表示结束过程，并不返回任何值。“return 表达式；”语句只能用于函数，并且必须返回一个值。

（7）null 语句。空操作语句不完成任何操作，常用于 case 语句中，用来表示剩余的所有其他条件下的操作行为。

（8）子程序调用语句。在 VHDL 语言中，过程和函数是子程序的两种形式，只能使用顺序语句实现子程序，其使用方式只能通过子程序调用以及与子程序的界面端口进行通信。子程序可以在进程、结构体和包集合中定义，具有可重载的特点，一般来讲，只有在包集合中的子程序才能被其他设计调用。子程序的定义和使用方式与 C++等高级语言中的子程序的使用方式相似。

过程的语句格式为：

```
procedure 过程名称 (参数表)          --过程头
procedure 过程名称 (参数表) is       --过程体
    [说明部分]
    begin
        顺序描述语句;
end procedure 过程名称;
```

函数的语句格式为：

```
function 函数名称 (参数表)          --函数头
```

```
function 过程名称 (参数表) is      --函数体
    [说明部分]
   begin
       顺序描述语句;
end function 函数名称;
```

此外，有一种用于存在多驱动信号时解决信号竞争的决断函数。在 VHDL 语言中，一个信号带多个驱动源而没有附加决断条件是不合法的。当多个驱动源同时产生一个处理事项时，只有其中一个驱动源的信号能赋值给被驱动的信号。然而，由于多驱动的赋值结果往往与设计者想象的不同，应尽量避免此类情况发生。

在 VHDL 的进程、结构体或包集合中允许调用子程序，子程序调用分为过程调用和函数调用，在顺序语句中调用时只相当于一条顺序语句的执行。一个子程序的调用类似于一个元件模块的例化，每一次调用都在当前层次中生成一个对应的具有相同结构的不同电路模块，而元件例化则是产生一个新的设计层次，这是两者最重要的区别。

注意：当一个过程处于进程以外的并行语句中调用时，一个过程相当于一个进程，其过程体定义的任一目标参量（包括变量、常量、信号等）发生改变时，将启动过程的调用。

2. 并发语句

在一个结构体的实现中，所有的进程和进程外的语句都是并发的，对信号的处理是同时进行的，与它们在程序中的先后书写顺序没有关系，并发语句是实现并行信号处理的主要描述手段。

（1）并行信号赋值语句。信号赋值语句在进程外部使用，与其他并发语句一样，在结构体内的执行都是同时发生的。每个信号赋值语句都相当于一条简化的进程语句，这条语句的所有输入信号都被隐式地作为敏感信号。与进程一样，并行信号赋值语句可以直接出现在结构体中，赋值表达式中涉及的所有信号量的变化都将启动相关并发语句的执行，并且与其他语句是相互独立的。

①直接信号赋值语句。直接信号赋值语句的格式为：

```
目标信号 <= 表达式;
```

VHDL 要求两边的数据类型必须一致，通常综合的结果是组合逻辑电路或连线。例如，以下结构体中的赋值语句与进程是并发执行的。

```
architecture Dataflow of full_adder is
     signal a, b, cin, s1 : std_logic;
begin
     process (a, b)
         begin
         s1 <= a xor b;
     end process;
     s <= s1 xor cin;
     cout <= (a and b) or (s1 and cin);
end Dataflow;
```

②条件信号赋值语句。条件信号赋值语句是 if…else 顺序描述语句的并发表示形式，综合后的电路为组合逻辑电路，其语法格式为：

```
目标信号 <= 表达式 1 when 赋值条件 1 else
           表达式 2 when 赋值条件 2 else
           ……
           表达式 n;
```

条件表达式在执行过程中按书写顺序对每一个赋值条件进行测试，一旦发现赋值条件为真，则立即将对应表达式的值赋给目标信号。也就是说，由于条件测试的顺序性，条件信号赋值语句是有优先级的，总是将第一个满足条件的表达式的值赋给目标信号；即使有多个赋值条件满足要求，也只有第一个满足的条件对应的表达式被执行；当所有的赋值条件都不满足时，将表达式 *n* 的值赋给目标信号。因此，赋值条件的取值允许有重叠。

③选择信号赋值语句。选择信号赋值语句是 case 顺序描述语句的并发表示形式，综合后的电路为组合逻辑电路，其语法结构为：

```
with 选择表达式 select
目标信号 <= 表达式 1 when 选择条件 1,
           表达式 2 when 选择条件 2,
           ……
           表达式 n when 选择条件 n;
```

每当选择表达式中的敏感信号发生变化即对表达式的值重新计算，然后就启动该语句并对各子句的选择值进行测试对比，当发现有满足的条件时，就将对应的表达式中的值赋给目标信号。与条件信号赋值语句的顺序测试不同，它的选择是没有优先级的，它对所有选择条件是同时测试的。因此，与 case 语句类似，不允许有条件重叠，也不允许条件覆盖不全的情况发生。

（2）进程语句。进程是由顺序描述语句构成的一个处理过程，进程内部的语句按照书写的先后顺序依次执行，进程每被触发一次，进程内的顺序描述语句就顺序执行一次。在一个结构体中可以包含多个进程，进程与其他并发语句之间是并行的，多个进程之间、进程与外部的并发语句之间通过信号传递信息。进程的语法结构为：

```
[进程标识 : ] process [敏感信号列表];
    声明语句;
begin
    顺序描述语句;
end process [进程标识];
```

其中，敏感信号列表列出了将会触发进程执行的所有信号，多个信号之间用逗号隔开。进程的敏感信号列表与 wait 语句中的敏感信号是等价的，任一敏感信号的变化都会触发进程的执行。VHDL 规定，若进程中使用了 wait 语句，则不能再使用敏感信号列表。

（3）块语句。块语句（block）是 VHDL 中的一种划分机制，允许设计者将一个模块划分为多个区域，在每个区域都能对局部信号、数据类型和常量等加以定义。在一个结构体中可以包含多个块语句，其内部的描述语句都是并发执行的。实际上，可以将结构体看作一个块语句。块语句的描述结构如下：.

```
块标签 : block [(块保护表达式)];
    接口说明;
    类属说明;
begin
    并发描述语句;
end block [块标签];
```

其中，块保护表达式用返回的布尔值控制块语句是否执行，或者用于关闭某些不需要的信号。在块语句内部声明的对象在外部是不可见的，但对于嵌套在块内部的块语句是可见的。

通常情况下，一般设计者较少使用块语句，而且许多综合器也不支持块语句。

（4）元件例化语句。一个系统可以看作是由多个元件构成的，每个元件又可以由下层元件构成。元件（Component）可以是已设计好的一个 VHDL 设计实体，可以是来自于 FPGA 元件库的元件，还可以是 IP 软核或嵌入在 FPGA 中的硬 IP 核。元件声明的语法结构为：

```
component 元件名称 is
    generic (参数名表);
    port (端口名表);
end component [元件名称];
```

其中，元件名称即为定义该元件的实体名称，可以在结构体、包集合、块语句等内部声明元件。元件声明相当于对一个现有的设计实体进行封装，使其只留出对外的参数和端口。

元件例化（Component Instantiation）是可综合的层次结构化设计方法，可以是多层次的，实际上就是引入一种连接关系。元件例化的语法结构为：

```
例化名称 : 元件名称
    generic map ( [参数名称 => ] 实际值; … );
    port map ( [端口名称 =>] 连接端口名称, … );
```

其中，例化名称是在上层设计中给这个元件规定的名称，元件名称指定要插入的功能模块；generic map 语句给参数指定新值，若不指定则取默认值，大多数综合器只支持整数参数；port map 语句用于描述元件与上层设计的信号之间的连接关系，其中的端口名称是在元件声明语句中定义好的元件端口的名字，连接端口名称则是当前层次设计实体中准备与接入元件对应端口相连的端口。

端口映射有两种方式：

①名称映射方式，端口名称与连接端口名称都必须存在，在 port map 语句中的位置可以任意。

②位置映射方式，可以省略端口名称和关联符号“=>”，要求连接端口名称的排列方式与被例化的元件端口的定义顺序是一致的。

以全加器的结构描述程序为例，端口映射语句完成的功能如图 1.44 所示，其中粗线表示连接端口，x、y、z 为元件端口名，虚线表示元件端口与当前设计层次中的信号连接关系。

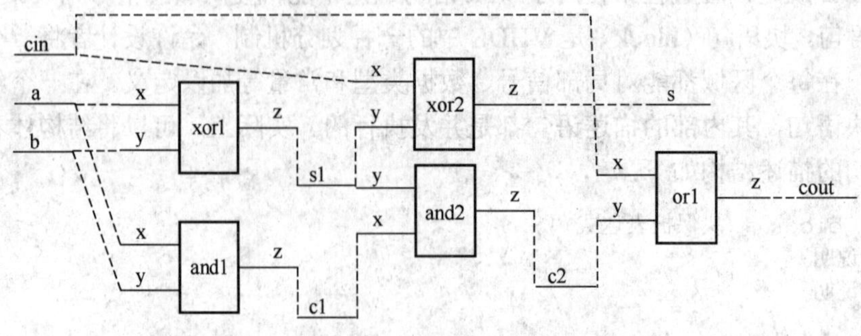

图 1.44 端口映射示例

（5）生成语句。在设计中，根据某些条件可以方便地生成多个相同的电路结构，但不是所有的综合器都支持该语句。生成语句的两种结构形式如下：

```
[标识 : ] for 循环变量 in 变量范围 generate
    并发描述语句;
end generate;
[标识 : ] if 条件变量 generate
    并发描述语句;
end generate;
```

其中，并发描述语句是用于“复制”的基本单元，包括元件、进程语句、块语句、并行信号赋值语句等。注意：对于 for 语句来讲，虽然循环变量是按顺序递增，但最后生成的电路结构是并行的。

3. 其他语句

（1）断言语句。与 C++等高级语言类似，使用断言语句（assert）可以检查某一特定的条件是否满足要求，在不满足要求时给出相应提示，有助于系统调试。assert 语句不描述任何硬件逻辑，本身是不可综合的，可在实体、结构体和过程中使用。

assert 的语法格式为：

```
assert 条件表达式 [report 提示信息] [severity 级别];
```

当条件表达式的结果为假时执行断言语句，否则继续执行后续的语句。

report 语句是 VHDL-93 标准中增加的，用于向设计者输出提示信息，其中提示信息要使用双引号引起来，若没有则默认输出 Assertion violation。

severity 语句用于报告错误级别，分为 failure、error、warning 和 note 4 种错误级别，默认为 error。

放在进程内的断言语句称为顺序断言语句，与其他语句一样在进程内按顺序执行。放在进程外部的断言语句称为并行断言语句，相当于只对断言语句中的条件表达式定义的信号敏感的进程。

（2）属性描述语句。VHDL 预定义了很多属性语句，使用这些语句可以方便地获取类型、子类型、过程、函数、信号、变量、常量、实体、结构体、配置、包集合、元件等的属性。在一个给定的时刻，数据对象只能有一个值，但可以具有多个属性。综合器支持的属性有：left、right、high、low、range、revers range、length、event 和 stable 等。

信号的属性操作大多用于仿真，属性的语法结构为：

```
对象名'属性标识符
```

下面以常用的信号属性中的 event 为例进行说明。在时序电路设计中经常用到时钟的属性，定义时钟信号为 clk，则 clk'event 就是对 clk 信号在当前一个极小的时间段 δ 内发生的事件进行检测。配合 clk 信号变化后的值，可以对时钟信号的上升沿和下降沿进行建模。如 clk'event and clk='1'就表示一旦 clk 信号在 δ 时间内发生跳转，并且 δ 时间段之后又测得 clk 为高电平，则两者进行与操作后返回真值，一般可以认为 clk 之前的值为 0，因此可以用 clk'event and clk='1'来检测时钟的上升沿。另一种检测上升沿的方法是 rising_edge(clk)。对于目前常用的 VHDL 综合器，event 只能用于 if 和 wait 语句中。

四、有限状态机

有限状态机（Finite State Machine，FSM）是 VHDL 语言中经常使用的一种建模结构，是实现高效率高可靠逻辑控制的重要途径。状态机是硬件数字系统中的顺序控制模型，按照预先设定的状态进行顺序运行，结构相对简单，表述方式丰富。使用状态机易于构建性能良好的同步时序逻辑模块，有利于采取不同的消除毛刺现象的设计方法，便于大规模逻辑电路的设计。

从状态机的信号输出方式上可分为 Mealy 型和 Moore 型两种状态机。Mealy 型状态机输出的是当前状态和所有输入信号的函数，输出是在输入变化后立即发生的，即使模块一直处于某一固定状态，其输出也有可能随着输入的变化而变化，属于同步输出状态机。Moore 型状态机的输出仅为当前状态的函数，在输入发生变化时还必须等待时钟信号到来，在状态发生变化时才导致输出变化，属于异步输出状态机。

状态机的工作过程可以用单进程或者多进程来描述，单进程方式的描述将全部的状态控制放在一个进程语句中，控制语句不区分当前状态和下一状态，而只关注于目前状态，从综合的电路可知，所有的信号都会在输出时被寄存，不但消耗了不必要的寄存器，而且也增加了一个周期的延时，因此建议选用多进程描述方式。

在 VHDL 中描述可综合的状态机，首先需要使用枚举类型定义状态，综合器通常采用一位热码（One Hot Encoding）的方式对其进行编码，对于含有较多触发器资源的 FPGA 芯片来讲是一种较好的解决方案。然后，使用两个进程来明确地表明状态机的时序逻辑（包括状态寄存和输出寄存逻辑）和组合逻辑（包括状态转换和组合输出逻辑）。这种结构可减少代码长度、增强代码的可读性，同时省去一些不必要的寄存输出。下面的代码给出了一种比较通用的状态机描述，其中，两个进程是并发执行的，同步时序电路中 FSM 当前状态的改变会触发另一进程，控制 FSM 的下一状态和它的输出值。

```
library IEEE;
use IEEE.STD_LOGIC_1164.ALL;
entity statemachine is
     port (  clk, reset    : in  std_logic;
             state_inputs  : in  std_logic_vector (0 to 1);
             comb_outputs: out  std_logic_vector (0 to 1));
end statemachine;
architecture behavior of statemachine is
     type states is (st0, st1, st2, st3);               -- 枚举定义状态机的 4 个状态
     signal current_state, next_state : states;
begin
     sync : process (reset, clk)                        -- FSM 的当前状态用同步时序
                                                        -- 电路描述
     begin
          if reset = '1' then
               current_state <= st0;                    -- 异步置为 st0 状态
          elsif rising_edge(clk) then
               current_state <= next_state;             -- 在时钟上升沿进行状态转换
          end if ;
     end process ;
     comb : process (current_state, state_inputs)       -- FSM 的下一状态转换控制用
                                                        -- 组合
```

```
    begin                                           -- 逻辑电路描述
        case current_state is
        when st0 =>                                 -- 控制状态间的转换用 case
                                                    -- 语句
            comb_outputs <= "00";
            if state_inputs = "00" then             -- 控制转换的条件通常用
                                                    -- if/else 语句
                    next_state <= st0;
            else
                    next_state <= st1;
            end if;
        when st1 =>
            comb_outputs <= "01";
            if state_inputs = "01" then
                    next_state <= st1;
            else
                    next_state <= st2;
            end if;
        when st2 =>
            comb_outputs <= "10";
            if state_inputs = "10" then
                    next_state <= st2;
            else
                    next_state <= st3;
            end if;
        when st3 =>
            comb_outputs <= "11";
            if state_inputs = "11" then
                    next_state <= st3;
            else
                    next_state <= st0;
            end if;
        end case;
    end process;
end behavior;
```

在多进程方式描述的状态机中，输出信号一般由组合逻辑发出，在一些特殊情况下难免出现毛刺，使用该输出控制某些特殊操作容易产生错误。使用单进程比较容易构成能避免出现毛刺现象的状态机，主要是因为输出信号在下一状态出现时，由时钟上升沿锁入锁存器后输出，即由时序器件同步输出，从而避免了竞争冒险结果的输出。下面给出一种单进程描述的 Moore 状态机代码示例。

```
library IEEE;
use ieee. IEEE.STD_LOGIC_1164.ALL;
entity statemachine is
     port ( clk, rst  : in  std_logic;
            datain  : in  std_logic_vector (0 to 1);
            Q   : out std_logic_vector (0 to 1));
end statemachine;
architecture behavior of statemachine is
    type states is (st0, st1, st2, st3);
```

```
        signal current_state, next_state : states;
begin
    process (rst, clk)
    begin
        if rst = '1' then
            current_state <= st0;
            Q <= "00" ;
        elsif rising_edge(clk) then
            case current_state is
                when st0 =>
                    if datain = "00" then
                        next_state <= st0;
                    else
                        next_state <= st1;
                    end if;
                    Q <= "00";
                when st1 =>
                    if datain = "01" then
                        next_state <= st1;
                    else
                        next_state <= st2;
                    end if;
                    Q <= "01";
                when st2 =>
                    if datain = "10" then
                        next_state <= st2;
                    else
                        next_state <= st3;
                    end if;
                    Q <= "10";
                when st3 =>
                    if datain = "11" then
                        next_state <= st3;
                    else
                        next_state <= st0;
                    end if;
                    Q <= "11";
                end case;
        end if;
    end process;
end behavior;
```

1.3.2 基于 VHDL 的设计流程

全加器电路的 VHDL 设计流程如下。

一、建立工作目录和源文件

与基于原理图的设计流程一样，首先建立工作目录 E:\full_adder_vhdl 用于管理工程项目的所有文件。

在 Quartus II 软件中，选择 File→New 选项，在弹出对话框的 Device Design Files 选择卡中选择 VHDL File 项，表示采用 VHDL 硬件描述语言输入设计文件，如图 1.45 所示，然后双击该项或单击 OK 按钮打开 VHDL 文件编辑窗口。

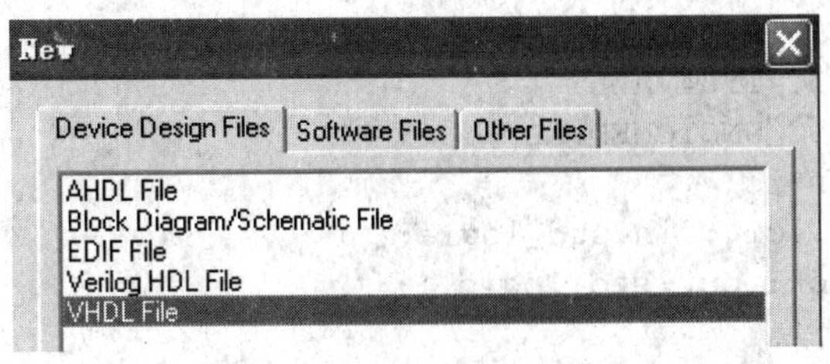

图 1.45 新建 VHDL 文件

另一种新建 VHDL 文件的方法是直接在工作目录下新建一个文本文件，然后将其扩展名修改为.vhd，然后使用文本编辑器或者 Quartus II 软件输入源程序。

全加器的原理图如图 1.12 所示，首先新建或逻辑设计文件 or21.vhd，采用行为描述方法得到如下源程序：

```
library IEEE;
use IEEE.STD_LOGIC_1164.ALL;
use IEEE.STD_LOGIC_UNSIGNED.ALL;
entity or21 is
    port ( x, y : in std_logic;
           z : out std_logic);
end or21;
architecture Behavioral of or21 is
begin
    z <= x or y;
end Behavioral;
```

其次，新建半加器电路设计文件 h_adder.vhd，采用行为描述方法得到如下源程序：

```
library IEEE;
use IEEE.STD_LOGIC_1164.ALL;
use IEEE.STD_LOGIC_UNSIGNED.ALL;
entity h_adder is
    port ( x, y : in std_logic;
           z, cout : out std_logic);
end h_adder;
architecture Behavioral of h_adder is
    signal xy : std_logic_vector ( 1 downto 0);
begin
    xy <= x & y;
    process(xy)
    begin
      case xy is
           when "00" =>  z <='0'; cout <= '0' ;
           when "01" =>  z <='1'; cout <= '0' ;
           when "10" =>  z <='1'; cout <= '0' ;
           when "11" =>  z <='0'; cout <= '1' ;
           when others => null ;
      end case;
    end process;
end Behavioral;
```

最后，新建全加器电路设计文件 full_adder.vhd，采用结构描述方法得到如下源程序：

```
library IEEE;
use IEEE.STD_LOGIC_1164.ALL;
use IEEE.STD_LOGIC_UNSIGNED.ALL;
entity full_adder is
     port ( a, b, ci : in std_logic;
            s, co : out std_logic );
end full_adder;
architecture Structure of full_adder is
     component h_adder                      --元件声明
     port ( x, y : in std_logic;
            z, cout : out std_logic);
end component;
component or21
     port ( x, y : in std_logic;
            z : out std_logic );
end component;
signal s1, co1, co2 : std_logic;
begin
h1 : h_adder port map(x => a, y => b, z => s1, cout => co1);
h2 : h_adder port map(x => ci, y => s1, z => s, cout => co2);
or1 : or21 port map(x => co2, y => co1, z => co);
end Structure;
```

二、工程创建和编译

按照基于原理图的设计流程中介绍的工程建立方法，以 full_adder 为顶层实体，将工程命名为 full_adder_vhdl，并将相关的所有设计文件添加到工程中，包括 full_add.vhd、or21.vhd 和 h_adder.vhd，最后完成工程的创建操作，如图 1.46 所示。

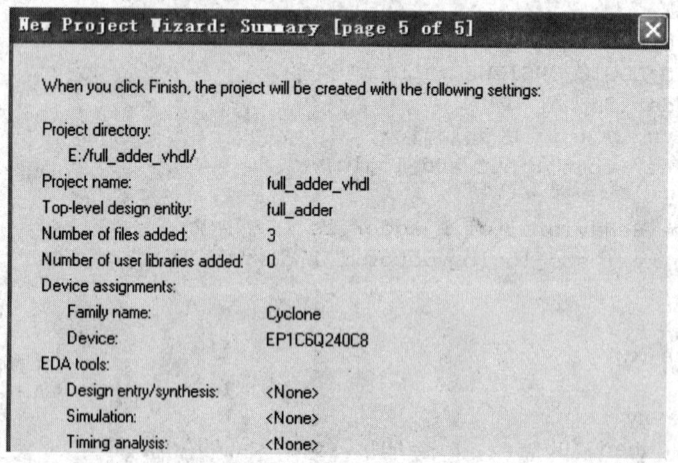

图 1.46 工程建立总结

按照基于原理图的设计流程对编译选项进行设置后启动工程的编译，若有错误可直接单击错误信息行进行设计文件的修改，直到最后正确编译完成，给出如图 1.47 所示的综合报告、硬件特性适配报告、配置文件装配报告和时序特征报告，供设计者对设计进行修改和优化。

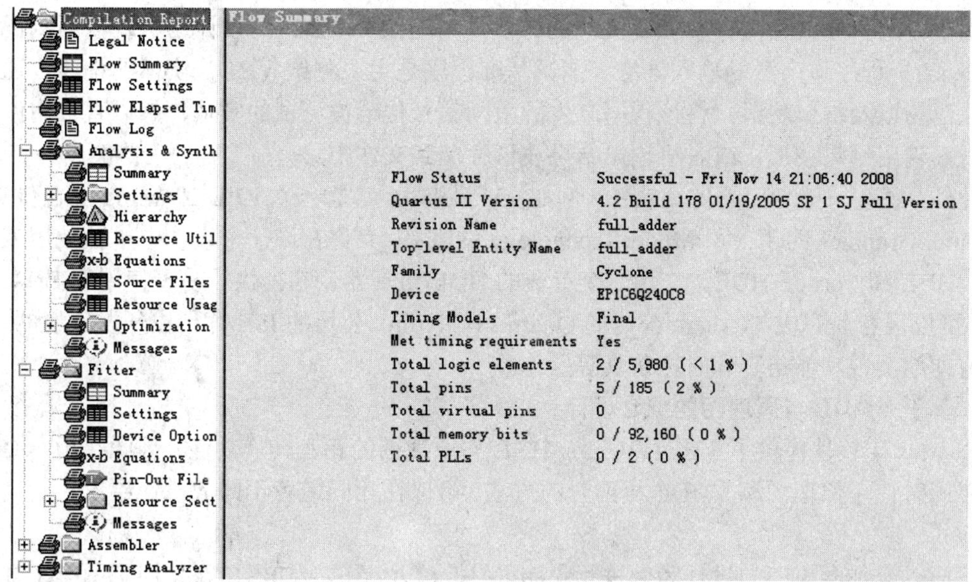

图 1.47 编译报告

Quartus II 软件可以将 VHDL 源程序编译后生成的网表文件转换成对应的寄存器传输级（RTL）电路图，选择 Tools 菜单下的 RTL Viewer 工具可以打开 RTL 电路图查看窗口。图 1.48 给出了 full_adder 全加器工程的 RTL 电路结构，包括两个半加器、一个或门、输入输出端口以及若干连线，双击半加器或者选择 Hierarchy List 中的各项可以详细了解各层次的电路结构，如图 1.48 左上方显示了例化名为 h1 的半加器实现电路。

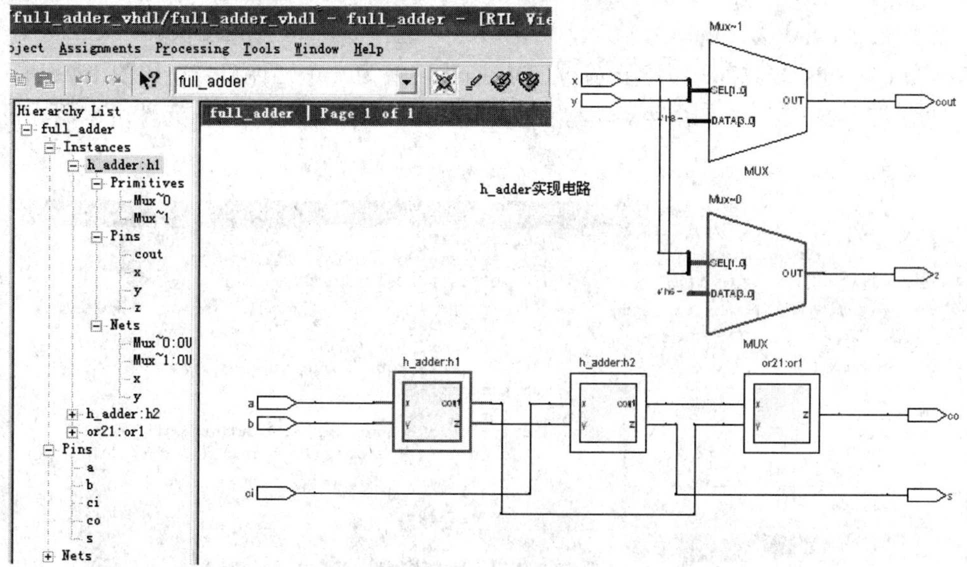

图 1.48 全加器的 RTL 电路

三、仿真、管脚绑定与下载

基于 VHDL 的设计流程的功能仿真和时序仿真、管脚绑定以及下载编程与基于原理图的设计流程一样。

除了使用矢量波形文件和激励文件的方法，对基于 VHDL 的设计还可以使用测试基准（Testbench）程序作为激励输入方法。测试基准程序是用来测试 VHDL 实体的程序，通过元件例化语句以及端口映射，将该程序产生的激励信号传给被测试的实体，然后直接用波形浏览器观察输出结果波形，或者将输出结果波形存储到文件中。

此外，还有一些专门的仿真软件。例如，ModelSim 就是一个 VHDL/Verilog 混合仿真器，是 Mentor Graphics 的子公司 Model Technology 的产品，允许在同一个设计中单独使用或混合使用 VHDL 和 Verilog HDL。作为一个专业的 HDL 仿真器，它提供了易于使用的 EDA 工具接口，可以很容易完成与 Altera 公司的 Quartus II、Xilinx 公司的 ISE 等集成开发环境的连接，能够方便地实现功能仿真和时序仿真等操作。

1.3.3 基于 VHDL 与原理图的混合设计

Quartus II 软件提供了 VHDL/Verilog HDL 与原理图的相互转换功能，因此在同一个设计中可以同时使用原理图和 VHDL 相结合的方法，可以在相同或者不同的设计层次上使用两种输入方式。

下面以全加器电路的设计为例进行说明。图 1.12 所示的全加器电路使用了两个半加器和一个或门构成，在设计中可以根据实际情况选择将 VHDL 描述转换为原理图或者将原理图转换为 VHDL 描述，进一步实现其他模块或上层设计，最终实现用户目标功能。

一、VHDL 描述转换为原理图

在全加器电路设计中，将半加器的 VHDL 描述转换为原理图，并用于全加器顶层实体的原理图输入的设计流程如下：

首先，按照基于 VHDL 的设计流程创建工程 half_adder，并将其存储在工作目录 halfadder 中，顶层设计为 h_adder.vhd 文件，然后进行编译选项的设置和全程编译操作。正确编译完成以后，在 h_adder.vhd 编辑窗口为当前活动窗口时，选择 File→Create/Update→Create Symbol Files for Current File 选项，可以把当前 VHDL 描述转换为一个元件符号，如图 1.49 所示。该元件自动命名为 h_adder.bsf 并存储在与 h_adder.vhd 相同的目录下，该元件可以用在高层次原理图输入设计中。

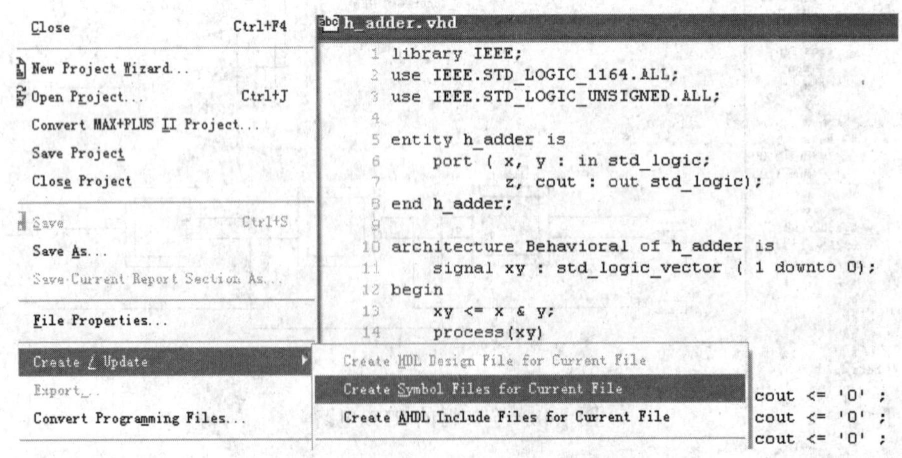

图 1.49 VHDL 描述转换为元件符号

接下来，创建全加器工作目录 fulladder，然后按照基于原理图的设计流程输入全加器顶层设计实体 f_adder.bdf，其中，半加器使用上面生成的元件符号 h_adder.bsf，如图 1.50 所示。双击左侧分层结构图中 h_adder 或者直接双击原理图中的 h_adder 模块可以调出对应的 VHDL 描述文件。为了便于工程管理，可以将 h_adder.vhd 和 h_adder.bsf 文件复制到该工作目录下。注意：在创建全加器工程时添加的源文件是 h_adder.vhd 而不是 h_adder.bsf，所以不能仅复制元件符号文件。当然，也可以直接引用半加器工作目录下的文件，只要在引用时指明路径即可。

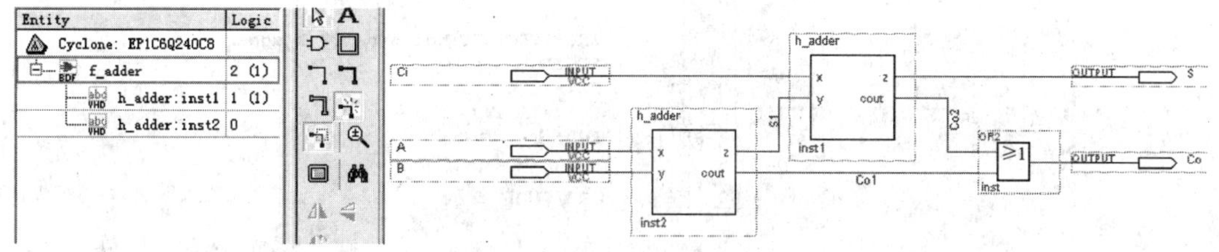

图 1.50 全加器的顶层实体原理图

然后，按照基于原理图的设计流程，以全加器电路为顶层实体创建工程，进行编译、功能仿真、时序仿真、管脚绑定等操作，最后将生成的编程文件下载到指定的 FPGA 芯片对其编程，即可实现预期的电路功能。

二、原理图转换为 VHDL 描述

在全加器电路设计中，将半加器的原理图转换为 VHDL 描述，并用于全加器顶层实体的 VHDL 输入的设计流程如下：

首先，按照基于原理图的设计流程创建工程 half_adder，并将其存储在工作目录 halfadder 中，顶层设计为 h_adder.bdf 文件，然后进行编译选项的设置和全程编译操作。正确编译完成以后，如图 1.51 所示，在 h_adder.bdf 编辑窗口为当前活动窗口时，选择 File→Create/Update→Create HDL Design File for Current File 选项，在弹出的对话框中可以选择文件类型为 VHDL，File name 后给出了生成的 VHDL 描述文件名称 h_adder.vhd，单击 OK 按钮就可以把当前原理图转换为一个 VHDL 描述文件。该文件存储在与 h_adder.bdf 相同的目录下，可用于上层 VHDL/Verilog HDL 输入设计中。转换后的 VHDL 代码如图 1.52 所示，其中 work 库是默认打开的，可以注释掉 library work 一行代码。

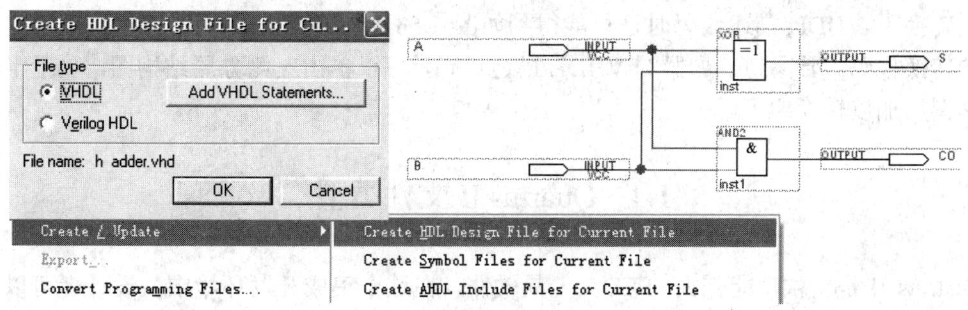

图 1.51 原理图转换为 VHDL 描述

接下来，创建全加器工作目录 fulladder，然后按照基于 VHDL 的设计流程输入全加器顶层设计实体 f_adder.vhd，其中，半加器例化时调用上面生成的 h_adder.vhd，如图 1.53 所示。

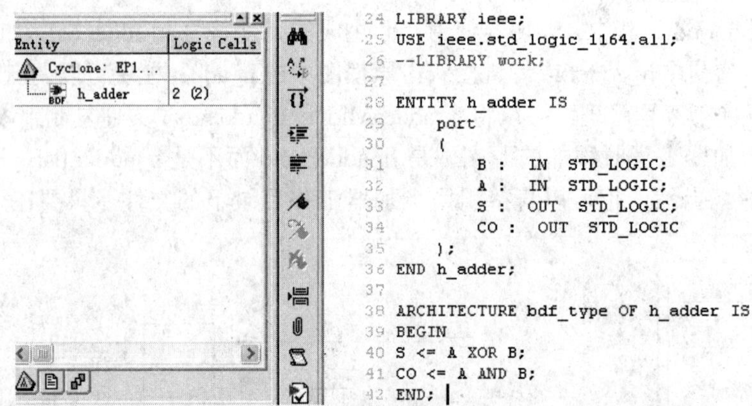

图 1.52　转换后的 VHDL 代码

```
Entity                Logic Ce
Cyclone: EP1C6Q2...
full_adder            2 (1)
  h_adder:h1          0
  h_adder:h2          1 (1)
```

```
library IEEE;
use IEEE.STD_LOGIC_1164.ALL;
use IEEE.STD_LOGIC_UNSIGNED.ALL;

entity full_adder is
    port ( a, b, ci : in std_logic;
           sum, cout : out std_logic );
end full_adder;

architecture Structure of full_adder is
    component h_adder                         --元件声明
        port ( a, b : in std_logic;
               s, co : out std_logic);
    end component;
    signal s1, co1, co2 : std_logic;
    begin
    h1 : h_adder port map(a => a, b => b, s => s1, co => co1);
    h2 : h_adder port map(a => ci, b => s1, s => sum, co => co2);
    cout <= co1 or co2;
end Structure;
```

图 1.53　全加器的顶层实体代码

为了便于工程管理，可以将 h_adder.vhd 文件复制到该工作目录下；或者指明路径引用半加器工作目录下的文件。注意：上层设计的连接端口名和例化元件的端口名是可以相同的，例如 a、b，在例化时根据其使用情况加以辨别。

对于一个含有不同层次实体的原理图输入设计，在将其转换为 VHDL/Verilogy HDL 描述代码时，需要针对不同层次的实体分别进行转换。例如，将图 1.50 所示的全加器顶层实体的原理图转换为 VHDL 描述代码时，只能得到如图 1.53 所示的代码，而不能得到下层实体半加器的转换代码。要得到半加器的 VHDL 描述代码，可以单击左侧分层结构图，显示半加器的原理图后加以转换即可。

1.4　Quartus II 文件类型

Quartus II 是一款功能强大的 EDA 工具软件，在这个集成开发环境中，设计者可以完成编辑、编译、仿真、综合、布局布线、时序分析、生成编程文件、编程等所有的开发流程。由于 Quartus II 软件功能很多，每项功能都对应一个或多个文件，弄清楚这些文件的含义有助于理解设计流程和提高实现效率。

下面对使用 Quartus II 软件进行设计过程中遇到的部分常用文件类型进行简单说明，如

表 1.5 所示。Quartus II 软件帮助中给出了所有可用文件的扩展名及其解释。在设计输入完成后，编译操作需要的文件有各种格式的设计文件、工程文件和配置文件，若需要对存储器进行初始化，则还需要有存储器初始化文件；在编译过程中会生成 db 目录下的所有文件以及.eqn 文件；编译完成后生成相应的报告文件，包括综合报告、仿真报告、映射报告、适配报告等，可以 HTML、文本等格式给出，随着设计输入的改变而变化；最后生成下载编程文件，包括.pof、.sof 等类型。

表 1.5　　Quartus II 文件信息表

文件类型	扩展名	文件说明
设计文件	.bdf	原理图设计文件
	.bsf	原理图符号元件
	.gdf	图形设计文件
	.edf，.edif，.edn	EDIF 输入文件
	.v，.vh，.verilog，.vlg	Verilog 设计文件
	.vhd，.vhdl	VHDL 设计文件
	.tdf	文本设计文件
	.vht	VHDL 测试基准文件
	.vt	Verilog 测试基准文件
	.vwf	矢量波形文件
配置文件	.qsf	Quartus II 配置文件
	.qws	工作区配置文件
	.tcl	Tcl 脚本文件
工程文件	.qpf	Quartus II 工程文件
存储器初始化文件	.rif	RAM 初始化文件
	.hex	Intel 格式文件
	.mif	存储器初始化文件
中间文件	.cdb，.hdb，.rdb，.tdb	数据库文件
	.eqn	
报告文件	.htm	HTML 格式的报告文件
	.qsmg	Quartus II 消息文件
	.rpt	文本格式的报告文件
	.summary	文本格式的时序分析文件
编程文件	.pof	编程器目标文件
	.sof	SRAM 目标文件
	.ttf	文本文件
	.rbf	原始二进制文件
输出文件	.pin	管脚输出文件
	.hexout	Intel 格式输出文件
归档文件	.qar	Quartus II 工程压缩文档文件
	.qarlog	Quartus II 工程压缩日志文件

此外，使用 Quartus II 软件自带的工程文件归档功能可以将工程文件压缩集合在一起，方法是使用 Project→Archive project 选项，归档后生成.qar 归档文件和.qarlog 归档日志文件，其中包括了一些非关键文件。在重新使用该归档工程时，可以使用 Quartus II 软件将其解压缩到指定的目录并打开，获取各种具体文件的信息。

由表 1.5 可知，Quartus II 软件可以支持多种类型的设计输入形式，各种输入文件的格式及关系如图 1.54 所示。软件自带的设计输入方式包括原理图图形输入方式、文本编辑（VHDL、Verilog、AHDL）和内存编辑（Hex、Mif）等方式；还支持第三方工具输入形式和混合设计格式。例如，可以使用 LPM 和宏功能模块来加速设计输入，大大方便了复杂数字系统的设计输入。

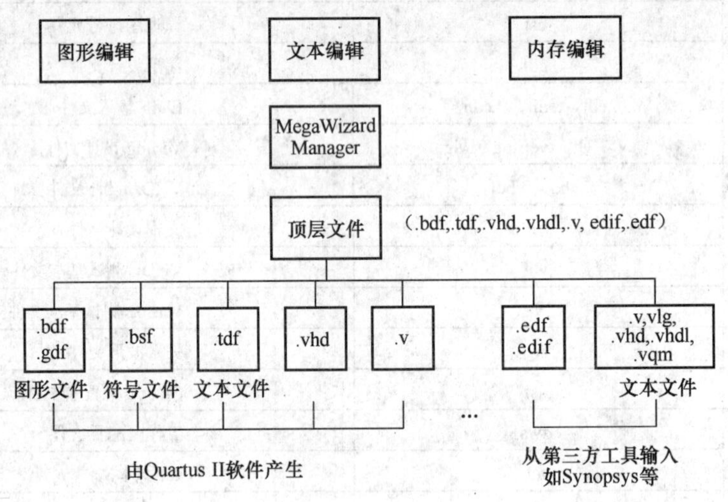

图 1.54 设计输入文件

第2章 CM3+教学实验系统

西安唐都科教仪器公司推出的 CM3+计算机组成原理教学实验系统采用了先进的部件结构和接近现代通用计算机结构的模型计算机。系统硬件的电路布局按照计算机组成结构进行设计，可以根据教学需要灵活改变系统的核心部件控制器和指令系统，以及挂接其他的外围部件。该系统的联机软件提供了计算机部件和模型计算机的数据通路图形调试界面，使得用户很容易了解其内部结构和使用方法，并可实时跟踪系统的工作状态。联机软件还能够自动记录实验过程，并可以文件形式保存，从而能够随时进行回放检查。此外，系统提供了总线竞争报警功能，具有多个保护电路，能够确保系统运行的安全性。

CM3+教学实验系统采用传统接线式和现代 EDA 方式两种实验手段，既能实现包括运算器、控制器和存储器等关键的部件性实验，又能完成简单和复杂模型机设计实验，有利于用户加深对计算机组成和工作原理的理解。此外，系统资源的完全开放性为用户自行设计各种结构及不同复杂程度的模型计算机提供了良好的软硬件平台，有利于提高用户对计算机系统的综合设计能力。

2.1 系统安装与构成

CM3+教学实验系统由硬件实验箱和联机软件组成，在使用时需要将实验箱与 PC 通过一根 RS-232C 或者 USB 通信电缆进行连接，并将联机软件安装在该 PC 上，有的实验可以在实验箱上独立完成。采用串口连接时，PC 与实验箱采用的通信协议规定为：57600 波特、8 位数据位、1 位停止位、无校验位。联机软件在启动后自动检测与实验箱的连接情况，并通过 PC 的串口向实验箱上的 89S51 单片机控制单元发送指令，实现交互操作和显示功能。

采用 EDA 方式实现的部分部件实验和模型机实验需要在 FPGA 扩展板上进行，包括一片 Cyclone 系列的 EP1C6Q240C8 FPGA 芯片及其外围电路。在使用 Quartus II 软件编译成功得到的编程文件对 FPGA 芯片内的逻辑进行编程时，需要将 FPGA 扩展板与 PC 通过下载线连接，下载线一端连接 PC 的并口，一端连接实验箱的 JTAG 或者 AS 接口。

实验箱与 PC 的连接如图 2.1 所示。若连接失败，首先按下实验箱的复位键，检查单片机的复位是否正确；然后检查 PC 串口和实验箱串口与通信电缆的连接是否良好；最后检查电源的+5V 输出电压是否正常，以及实验接线或线路板上有无短路等情况；否则，需要更换 MAX232 芯片。

实验箱的硬件电路布局是按照计算机组成结构来设计的，如图 2.2 所示，最上面一部分是非操作区 SYS 单元，其余单元均为操作区，在 SYS 单元之上装有 FPGA 扩展板，逻辑测量单元和时序单元位于 SYS 单元的右侧。

所有构成 CPU 的单元都放在中间区域的左边，并标注有“CPU”字样，CPU 对外表现的是 3 条总线：控制总线、数据总线和地址总线，并排位于 CPU 的右侧。与 3 条总线挂接的主存和各种 I/O 设备都集中放在系统总线的右侧。在实验箱中上部对 CPU、系统总线、主存及外设分别有清晰的丝印标注，通过这 3 部分电路模块可以方便地构建各种不同复杂程度的模型计算机。

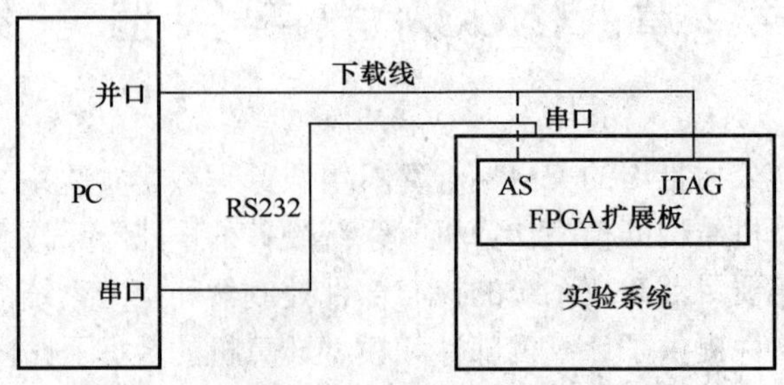

图 2.1　实验箱与 PC 的连接

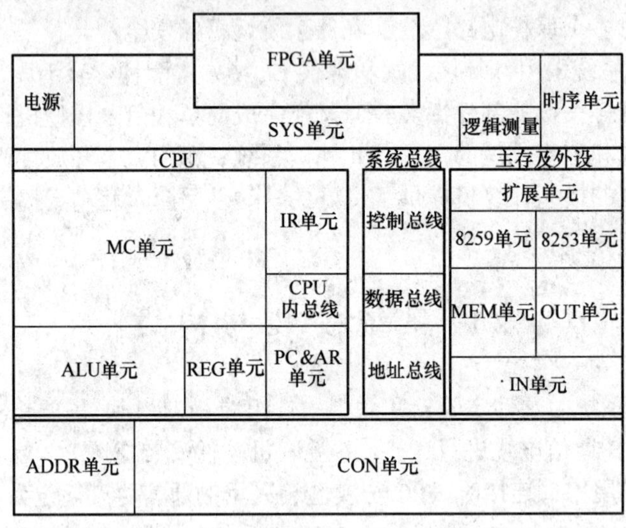

图 2.2　系统硬件布局

在进行部件实验时，有很多控制信号需要用二进制开关模拟给出，控制开关单元被安排在实验箱的最下方，以方便用户的输入操作。此外，在实验箱左下角安排了一个地址发生单元，专门用来给出对微控器或是主存进行读写操作时所需的地址信息，以供实验箱上的系统独立运行。

CM3+教学实验系统的硬件组成如表 2.1 所示。其中，电源开关安排在 SYS 单元的左侧，系统电源已经置于电路板的下方机箱内。注意：当关闭电源后，不要立刻重新启动，关闭到重新启动之间需要至少 30s 间隔。

表 2.1　　CM3+ 硬 件 组 成

单元名称	说　明
MC 单元	T1、T2 时序，微程序存储器，微命令寄存器，微地址寄存器，微命令译码器，编程电路，LED 显示灯
ALU 单元	算术运算部件，逻辑运算部件，桶形移位器，A、B 显示灯
REG 单元	通用寄存器 4 片

续表

单元名称	说　明
PC&AR 单元	程序计数器，地址寄存器
IR 单元	指令寄存器，指令译码逻辑，寄存器译码逻辑
CPU 内总线	CPU 内部数据排线座
控制总线	读写译码逻辑，CPU 中断使能寄存器
数据总线	LED 显示灯，数据排线座
地址总线	LED 显示灯，地址译码电路，数据排线座
IN 单元	8 位开关，LED 显示灯
OUT 单元	数码管，数码管显示译码电路
MEM 单元	SRAM6116，编程电路
8259 单元	8259 一片
8253 单元	8253 一片
CON 单元	3 组 8 位开关，系统清零按钮
时序单元	T1、T2 时序发生电路，555 多谐振荡电路，单脉冲电路
SYS 单元	系统监视电路，总线竞争报警电路
逻辑测量单元	4 路逻辑示波器
扩展单元	LED 显示灯，扩展接线座
ADDR 单元	8 位开关，地址发生电路
FPGA 扩展板	Cyclone EP1C6Q240C8，下载电路，LED 显示灯，扩展接线座

2.2 单元电路

在实验箱的电路板中，所有单元的 T1、T2 都连接至 MC 单元的 T1、T2，CLR 都连接至 CON 单元的 CLR 按钮；所有的 LED 灯均为正逻辑，即 1 时亮，0 时灭；凡是在电路板上丝印标注有马蹄形标记“⊔”的都表示这两根排针之间是连通的。

1. 寄存器（REG）单元

寄存器单元由 4 片 8 位寄存器 R0～R3 组成，用于保存操作数及中间运算结果等，其中 R2 兼做变址寄存器，R3 兼做堆栈指针。4 个寄存器的输入和输出都已连至 CPU 内总线，以 R0 为例，其电路构成如图 2.3 所示。

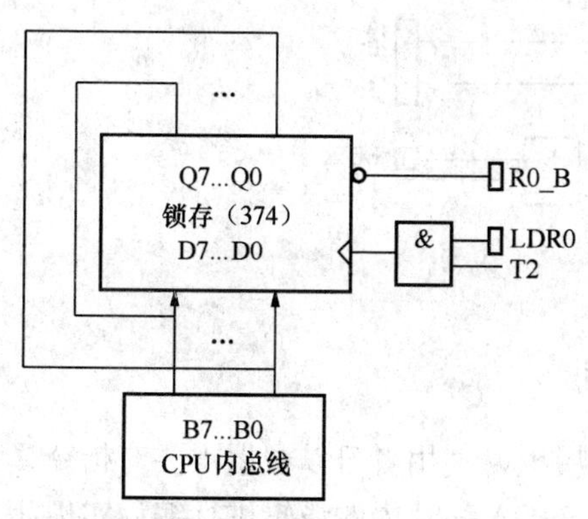

图 2.3　REG 单元（R0）原理图

2. 程序计数器与地址寄存器（PC&AR）单元

该单元由程序计数器 PC 和地址寄存器 AR 构成，其中程序计数器的输入和输出以及地址寄存器的输入已接至 CPU 内总线，地址寄存器的输出以排针形式引出 A7～A0，其电路原理如图 2.4 所示。

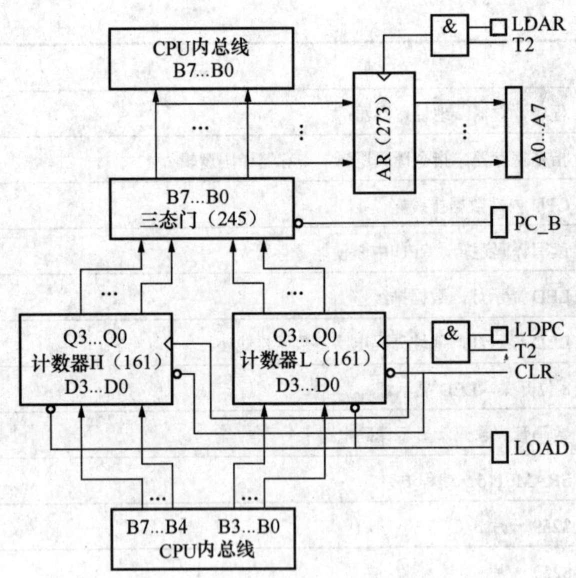

图 2.4 PC&AR 单元原理图

3. 指令寄存器（IR）单元

指令寄存器单元包括指令译码电路INS_DEC、寄存器译码电路REG_DEC和指令寄存器，其中指令寄存器的输入和输出都以排针形式引出，构成模型机时实现程序的跳转控制和对通用寄存器的选择控制，其电路构成如图 2.5 所示。指令译码电路 INS_DEC 使用一片 GAL20V8 实现，内部原理如图 2.6 所示；寄存器译码电路 REG_DEC 使用一片 GAL16V8 实现，内部原理如图 2.7 所示。

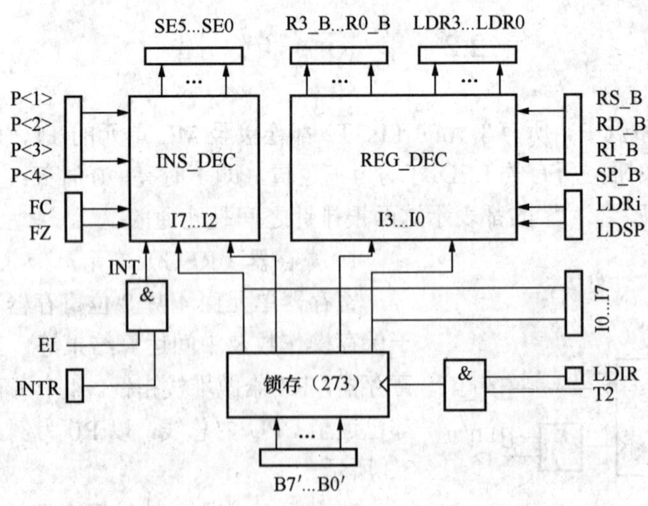

图 2.5 IR 单元原理图

利用 Quartus II 软件工具和该系统提供的 FPGA 扩展板，使用者可以根据需要对指令译码电路和寄存器译码电路进行实现或重新设计，通过对 FPGA 芯片内的逻辑进行编程实现相应的电路，从而扩展模型机的指令系统。

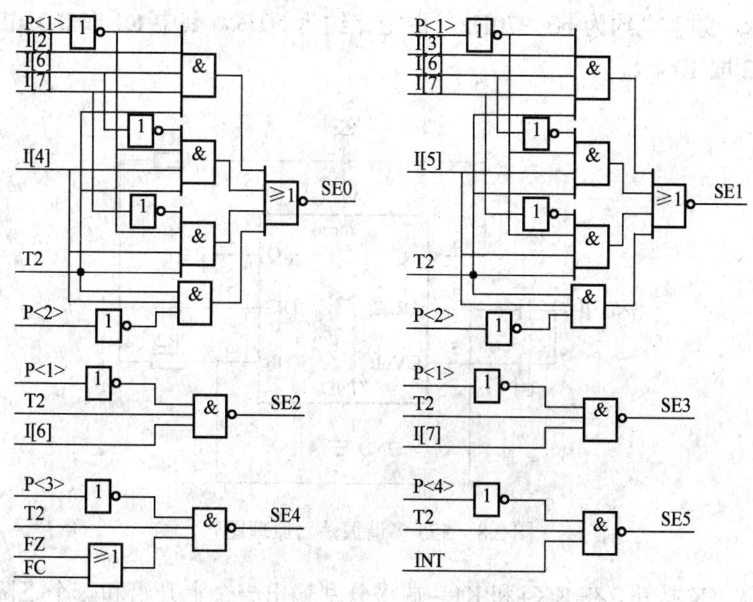

图 2.6 指令译码原理图

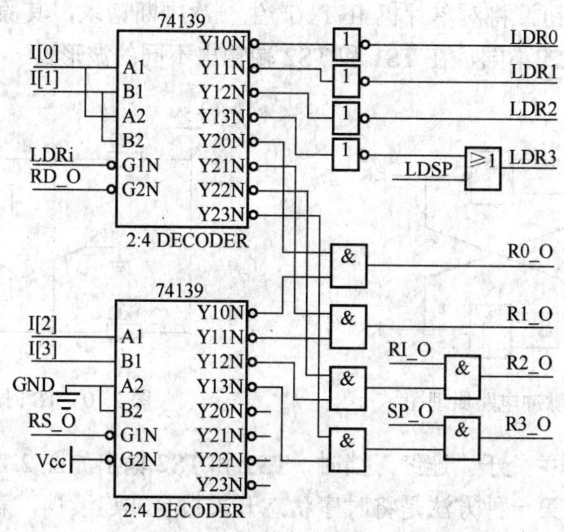

图 2.7 寄存译码原理图

4. CPU 内总线单元

内总线单元由 3 排 8 线排针组成，是 CPU 内部数据的集散地，它们之间的对应位是相互连通的，每个部件的输入数据来自于 CPU 内总线，输出的数据也要通过 CPU 内总线到达目的地。

在 CM3+教学实验系统中，已经和 CPU 内总线挂接的单元有：ALU 的输出、R3～R0 的输入和输出、PC 的输入和输出、AR 的输入和 CPU 外部的数据总线，凡连通的线路在实验电路板上都有丝印连线。

5. 时序单元

时序单元可以提供 3 种时序：*Φ*、KK 和 TS。*Φ*为 555 构成的多谐振荡器的输出，其原理如图 2.8 所示，频率大约为 60～70Hz，占空比约为 50%，其中 C1 取 0.01μF，C2 取 1μF，R1 取 1 kΩ，R2 取 10 kΩ。

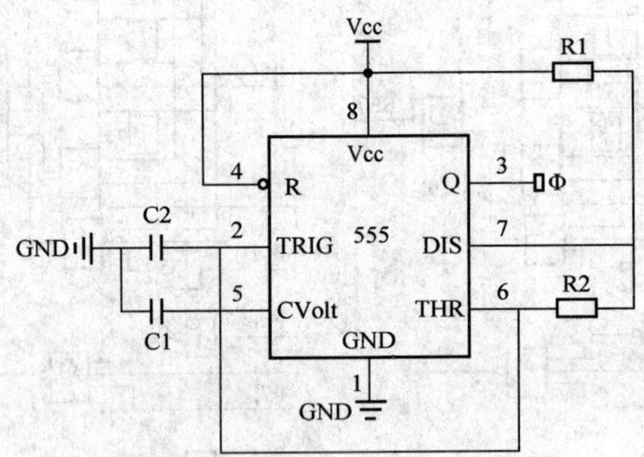

图 2.8 555 多谐振荡器原理图

每按动一次 KK 按钮，在 KK+和 KK−端将分别输出一个上升沿和一个下降沿脉冲，其原理如图 2.9 所示。

每按动一次 TS 按钮，将对单片机 INT1 产生一次中断请求，其原理如图 2.10 所示，单片机根据时序开关挡位的不同，在 TS1 和 TS2 端输出不同的波形。

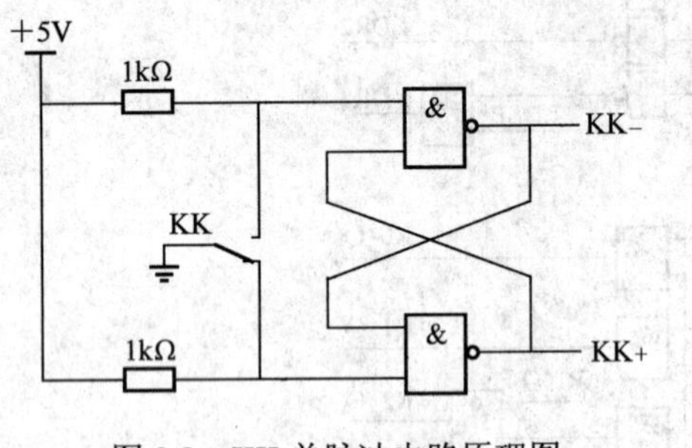

图 2.9 KK 单脉冲电路原理图

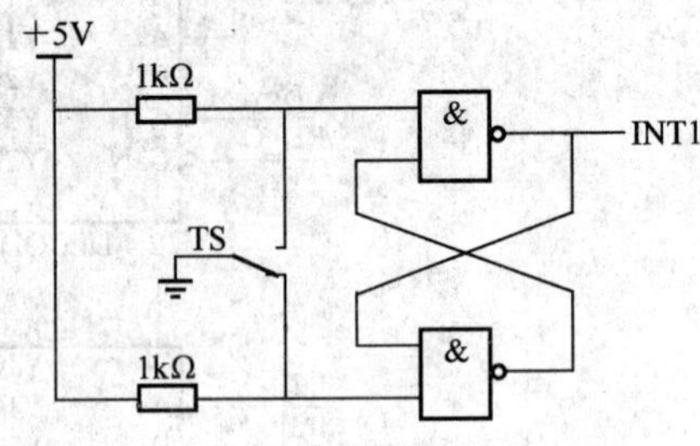

图 2.10 TS 时序请求原理图

（1）当时序状态开关处于“连续”挡时，TS1 和 TS2 输出如图 2.11 所示的连续时序。在停止输出连续时序时，第一种方法是将时序状态开关拨至非连续挡，第二种方法是按动 CON 单元的 CLR 按钮或 SYS 单元的复位按钮。

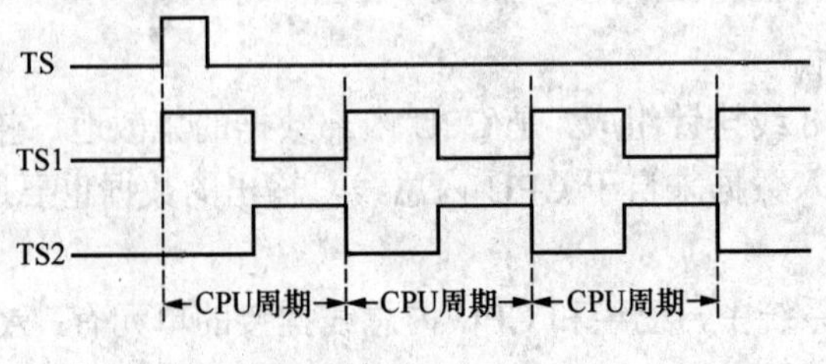

图 2.11 连续时序

（2）当时序状态开关处于“单步”挡时，TS1 和 TS2 只输出一个 CPU 周期的波形，如图 2.12 所示。

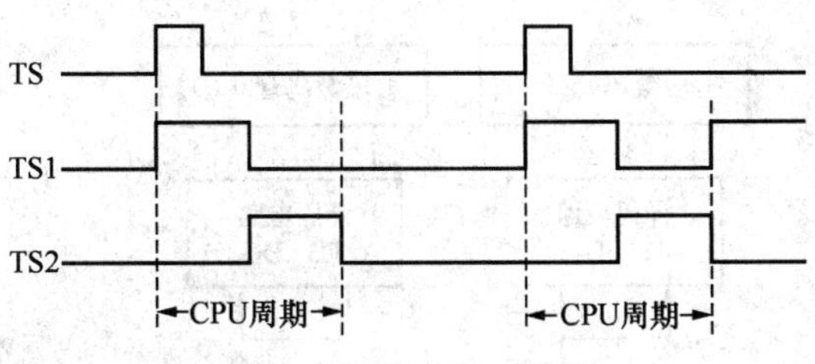

图 2.12　单步时序

（3）当时序状态开关处于“单拍”挡时，TS1 和 TS2 交替出现，如图 2.13 所示。

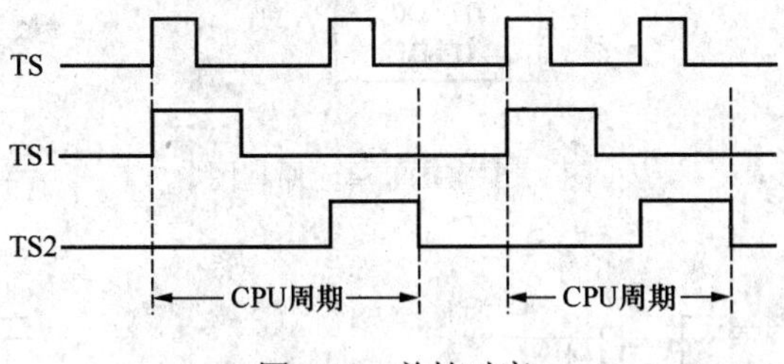

图 2.13　单拍时序

6. 输入（IN）单元

输入单元使用 8 个拨动开关作为输入设备，其电路原理如图 2.14 所示，其中右边表示一个拨动开关的连接原理，拨动开关采用的是双刀双掷开关，一刀用来输出数据，一刀用来在 LED 灯上显示开关状态。

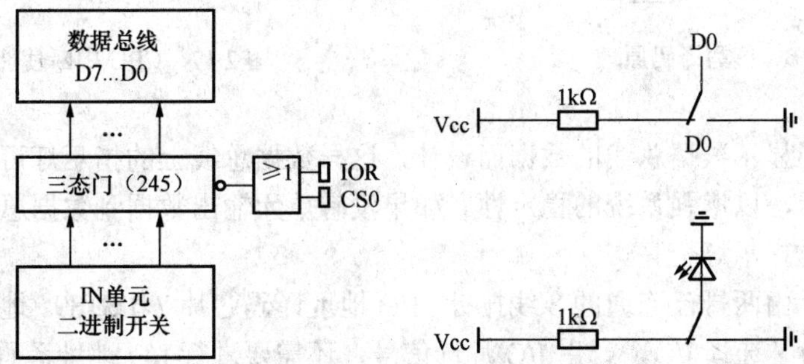

图 2.14　IN 单元原理图

7. 输出（OUT）单元

在输出单元中，数据由锁存器 74LS273 进行锁存，并通过两片 GAL16V8 进行显示译码，形成数码管显示的驱动信号，具体电路原理如图 2.15 所示。

8. 总线单元

控制总线单元包含 CPU 对存储器和 IO 进行读写时的读写译码电路、CPU 中断使能寄存器、外部中断请求（INTR）指示灯和 CPU 中断使能（EI）指示灯。其中，读写译码电路在 GAL16V8 中实现，实现原理如图 2.16 所示，CPU 中断使能寄存器及其指示灯电路如图 2.17 所示。

数据总线是 CPU 和主存以及外设之间数据交换的通道，包含两排 8 线排针，排针的相应位已和 CPU 内总线连通，存储器和外设的数据线也已挂接到数据总线。另外，8 位反相器

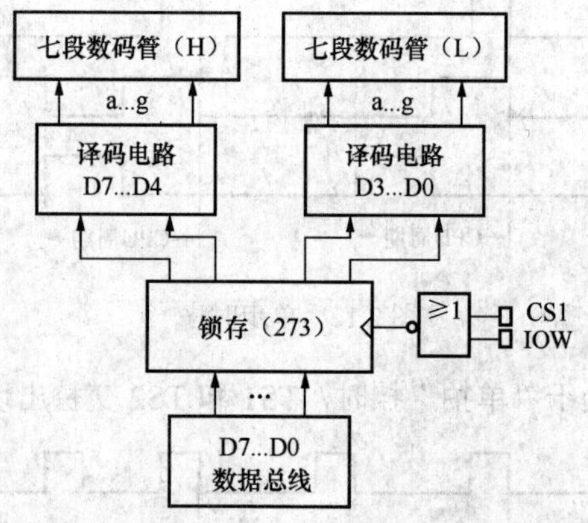

图 2.15　OUT 单元原理图

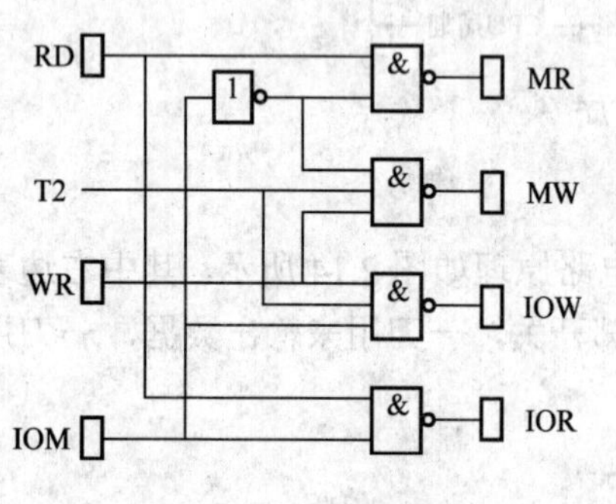

图 2.16　读写译码原理

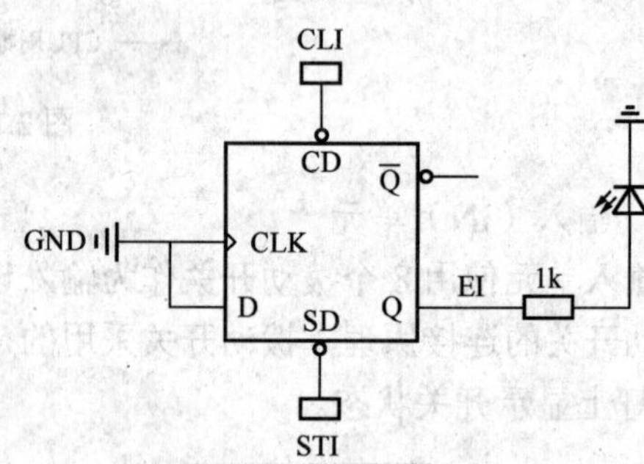

图 2.17　CPU 中断使能寄存器

74LS240 主要为了显示数据总线的数据而设计，这样数据总线上的指示灯可以按负逻辑的接法进行正逻辑显示，以增强系统的稳定性。如果没有单元输出数据到数据总线，即 74LS240 输入悬空，则 8 位指示灯全亮。

地址总线单元由两排已连通的 8 线排针、I/O 地址译码芯片 74LS139、地址指示灯和一片 74LS245 组成。为了选择 I/O，产生 I/O 片选信号，还需要进行 I/O 地址译码，系统的 I/O 地址译码原理如图 2.18 所示。由于采用地址总线的高两位进行译码，因此 I/O 地址空间被分为 4 个区，如表 2.2 所示。

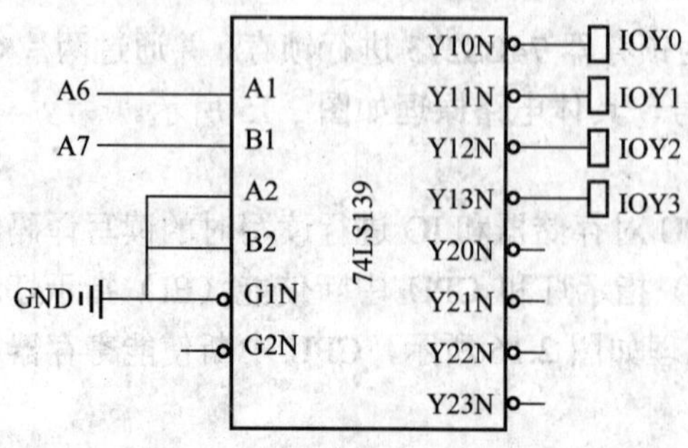

图 2.18　I/O 地址译码原理图

表 2.2 I/O 地址空间分配

A7A6	选定	地址空间
00	IOY0	00～3F
01	IOY1	40～7F
10	IOY2	80～BF
11	IOY3	C0～FF

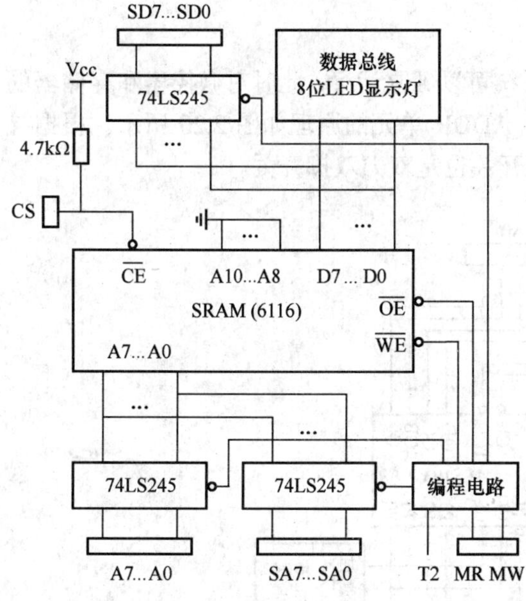

图 2.19 存储器原理图

9. 存储器（MEM）单元

存储器单元包括一片静态随机存储器 SRAM 6116 及其编程电路，如图 2.19 所示。编程电路能够实现对存储器的手动读写。根据编程开关的状态选择，可以实现编程、校验和运行三种功能。

（1）编程开关处于“编程”挡时，SA7～SA0 所对应的 74LS245 三态门打开，位于地址总线上的 A7～A0 所对应的 74LS245 三态门关闭，地址来自手动输入，而不是来自地址总线，SD7～SD0 所对应的 74LS245 也打开，数据来自手动输入，此时如果给出 T2 脉冲，编程电路将给出 $\overline{WE}$ 信号，完成对存储器的写操作。

（2）编程开关处于“校验”挡时，SA7～SA0 所对应的 74LS245 三态门打开，位于地址总线上的 A7～A0 所对应的 74LS245 三态门关闭，地址来自手动输入，而不是来自地址总线，SD7～SD0 所对应的 74LS245 也关闭，编程电路给出 $\overline{OE}$ 信号，数据从存储器读出，并在数据总线上显示。

（3）编程开关处于“运行”挡时，SA7～SA0 所对应的 74LS245 三态门关闭，位于地址总线上的 A7～A0 所对应的 74LS245 三态门打开，地址来自地址总线，而不是来自手动输入，SD7～SD0 所对应的 74LS245 也关闭，存储器的读写信号由 MR 和 MW 给出，即相当于把存储器的数据线挂到数据总线，地址线挂到地址总线，而读写控制线由用户控制。

10. 控制台开关（CON）单元

控制台开关单元包含一个系统总清按钮 CLR 和 24 个双刀双掷开关，一刀用来提供数据，一刀用来显示开关值，其连接原理如图 2.14 所示。开关分为 SD27～SD20、SD17～SD10 和 SD07～SD00 三组，部分开关有双重丝印，即一个开关可能对应两个排针，根据丝印就能找到开关和排针的对应关系。

CLR 按钮平时为高，按下后 CLR 输出变为低，为系统部件提供清零信号。按下 CLR 按钮后会清零的部件有：程序计数器 PC、地址寄存器 AR、暂存器 A、暂存器 B、指令寄存器 IR、微地址寄存器 MAR、微指令寄存器 MIR 和 ADDR 单元。

11. 系统（SYS）单元

系统单元是为了和PC连接而设计的，其原理是通过单片机的串口和PC的串口相连，PC以命令形式和单片机进行交互，当单片机接收到某命令后，产生相应的时序，实现指定操作。SYS单元还安排了一个检测电路，当总线上数据发生竞争时，蜂鸣器会发出“嘀”警报声。SYS单元还有一个重要职责：当TS按钮按下时会对单片机的INT1产生一个中断请求，此时单片机根据时序单元状态开关的挡位，产生相应的时序。逻辑示波器启动后，单片机会定期采样逻辑测量单元的四路逻辑示波器CH3～CH0，并将采样所得数据通过串口发送到PC，PC再根据收到的数据，在屏幕上绘制波形。

12. 地址发生（ADDR）单元

在不与PC联机的情况下，CM3+教学实验系统可以独立运行，此时对微控器和存储器的读写操作都需要通过ADDR单元手动给出地址。ADDR单元的原理如图2.20所示。根据寻址地址连续与否，可以选择不同的挡位，二进制开关也是双刀双掷开关。

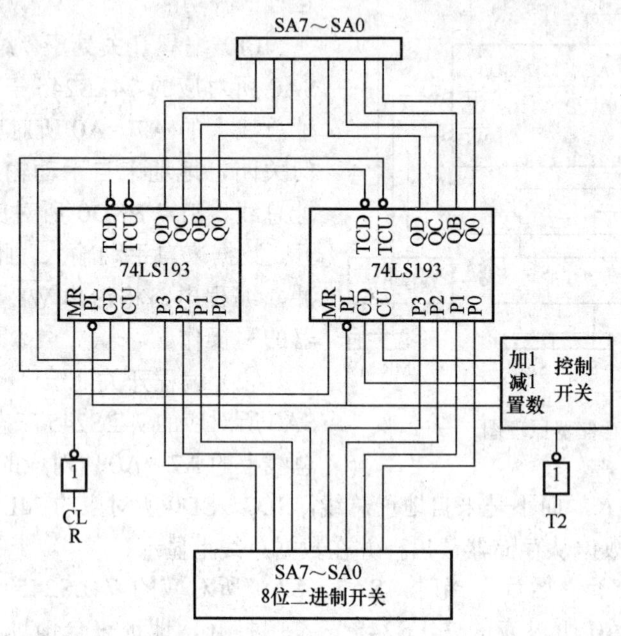

图2.20　ADDR单元原理图

（1）当开关为“加1”挡时，在T2的下沿计数器进行加1计数。

（2）当开关为“减1”挡时，在T2的下沿计数器进行减1计数。

（3）当开关置为“置数”挡时，计数器置初值，其作用相当于直通，SA7～SA0的输出值就是二进制开关组的值。

13. 其他单元

扩展单元由8个LED显示灯、电源（+5V）和地排针，以及3排8线排针组成，其中8线排针相应位已连通，主要是为了电路转接设计的。

此外，运算器（ALU）单元、微程序控制器（MC）单元、8259单元和8253单元的连接见第3章中的相关实验内容。

2.3　FPGA 扩展板

CM3+教学实验系统的部分实验在 FPGA 扩展板上进行，扩展板由两大部分组成，一是 LED 显示灯，两组 16 只，供调试时观测数据，LED 灯连接原理同图 3.3 一样。另外就是一片 Cyclone EP1C6Q240C8 FPGA 芯片及其外围电路。

EP1C6Q240 FPGA 有 240 个引脚，分成 4 个块，即 BANK1～BANK4，如图 2.21 所示，不同的块支持的 I/O 标准略有不同，其中每块的引脚数均为 60 个，对应关系如表 2.3 所示。将每个块的通用 I/O 引脚加以编号，就形成 A01～A34、D01～D38 等 I/O 号，如附录 A 图所示。扩展板上排针的丝印分为两部分，一是 I/O 号，以 A、B、C、D 开头，如 A15；二是芯片引脚号，是纯数字，如 21。在 Quartus Ⅱ 软件中分配 I/O 管脚时使用引脚号，而在实验接线图中，都以 I/O 号来描述。

EP1C6Q240 FPGA 共有 165 个 I/O 管脚，该扩展板引出 134 个，其中 84 个装有排针，其余 50 个以预留形式给出，在扩展板上丝印标为 JP，JP 座的 I/O 分配如图 2.22 所示。

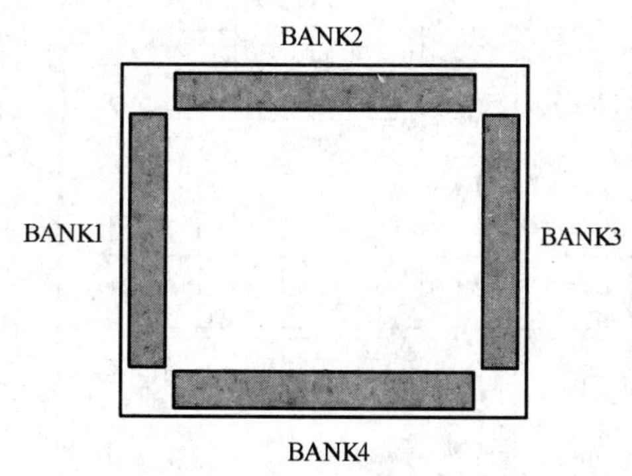

图 2.21　块分布示意图

表 2.3　管脚信息

块　号	管 脚 数	管 脚 号
1	60	1～60
2	60	181～240
3	60	121～180
4	60	61～120

信号	引脚	引脚	信号
IO180	2	1	IO179
IO178	4	3	IO177
IO176	6	5	IO175
IO174	8	7	IO173
IO169	10	9	IO168
IO167	12	11	IO166
IO165	14	13	IO164
IO163	16	15	IO162
IO161	18	17	IO160
IO159	20	19	IO158
IO156	22	21	IO141
IO140	24	23	IO139
IO138	26	25	IO137
IO136	28	27	IO135
IO134	30	29	IO133
IO132	32	31	IO128
DEV_CLR	34	33	DEV_OE
DPCLK 0	36	35	DPCLK 1
DPCLK 2	38	37	DPCLK 3
DPCLK 4	40	39	DPCLK 5
DPCLK 6	42	41	DPCLK 7
CLK 0	44	43	CLK 1
CLK 2	46	45	CLK 3
PLL 1OUT_P	48	47	PLL 1OUT_N
PLL 2OUT_P	50	49	PLL 1OUT_N

图 2.22　JP 座引脚信息

在使用该扩展板进行部件或者模型机实验时，首先按照第 1 章介绍的两种设计流程，在 Quartus Ⅱ 软件正常编译完成后得到 sof 和 pof 格式的编程文件，然后通过扩展板上配置的两个 FPGA 编程接口（JTAG 和 AS）对 FPGA 芯片内的逻辑编程，并连接外围实验电路，实验结果可通过联机软件或者 LED 灯观察。注意：由于该扩展板与实验箱的电路板是互相独立的，因此在使用时应单独连接电源和地线。

2.4 联 机 软 件

CM3+教学实验系统安装有一个标准的 D 型 9 针 RS-232C 串口插座，使用串口线可通过串口将 PC 与实验箱连接，从而实现 PC 与实验系统的联机操作。随机配套的联机软件通过 PC 上的串口向实验箱上的单片机控制单元发送指令，从而使用单片机直接对程序存储器、微程序控制器等进行读写，并可实现单步微程序、单步机器指令和程序连续运行等操作。

联机软件的主界面如图 2.23 所示，由指令区、输出区和图形区 3 部分组成，并提供了菜单和常用工具栏等操作元素。

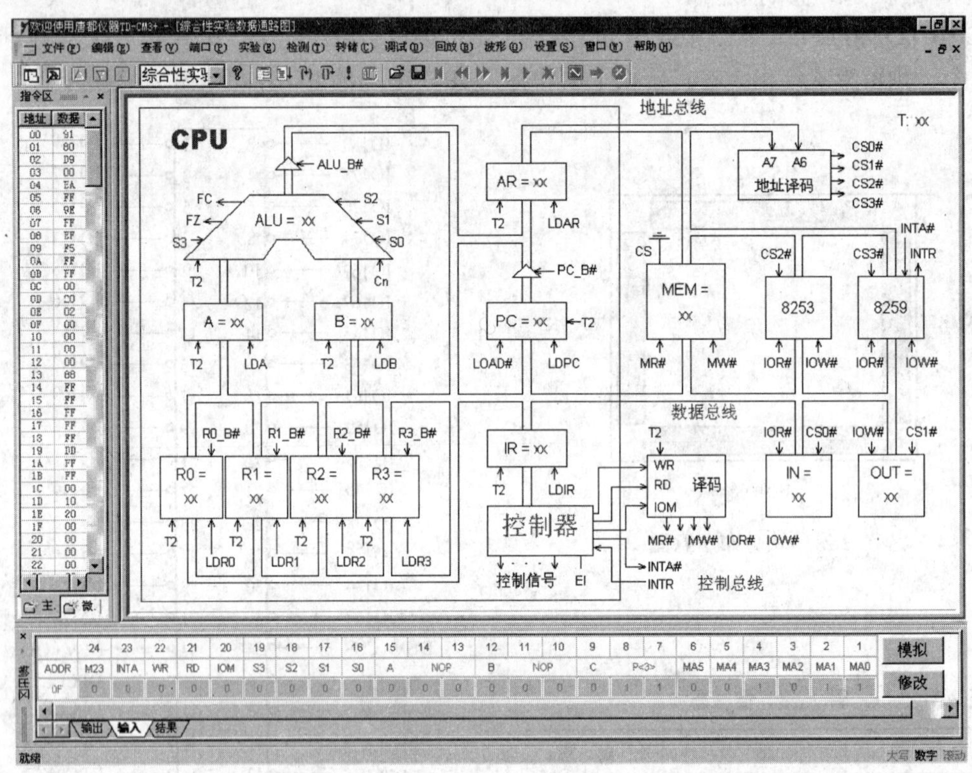

图 2.23 软件主界面

一、软件主界面的区域

1. 指令区

分为机器指令区和微指令区，指令区下方有两个按钮，可通过按钮在两者之间切换。

（1）机器指令区分为两列，第一列为主存地址，地址范围是 00～FF 共 256 个单元，第二列为每个地址所对应的机器指令，占 1 个字节。串口通信正常且串口无其他操作时，可以直接修改指定单元的内容，方法是用鼠标单击要修改单元的数据，此时单元格会变成一个编辑框，即可输入数据，编辑框只接收两位合法的 16 进制数，按回车键确认，或用鼠标单击其他区域，即可完成修改工作。按下 Esc 键可取消修改，编辑框会自动消失，恢复显示原来的值，也可以通过上下方向键移动编辑框。

（2）微指令区分为两列，第一列为微控器地址，地址范围是 00～3F 共 64 个单元，第二列为每个地址所对应的微指令，占 3 个字节。微指令的修改操作与机器指令的一样，只是位数不同。

2. 输出区

由“输出”选项卡、“输入”选项卡和“结果”选项卡组成。

（1）“输出”选项卡：在用到微程序控制器的数据通路图打开且运行程序时，输出区用来实时显示当前正在执行的微指令和下条将要执行的微指令的 24 位微码及其微地址。当前正在执行微指令的显示可通过菜单命令“设置”→“当前微指令”进行开关。

（2）“输入”选项卡：可以对微指令进行按位输入及模拟，单击 ADDR 值，此时单元格会变成一个编辑框，即可输入微地址，输入完毕后按回车键，编辑框消失，后面的 24 位代表当前地址的 24 位微码，微码值用红色显示，单击微码值可使该值在 0 和 1 之间切换。在数据通路图打开时，单击“模拟”按钮，可以在数据通路中模拟该微指令的功能，单击“修改”按钮则可以将当前显示的微码值下载到下位机。

（3）“结果”选项卡：用来显示提示信息或错误信息，保存和装载程序时会在这一区域显示一些提示信息。在系统连线检测时，也会在这一区域显示检测状态和检测结果信息。

3. 图形区

可以在此区域编辑指令，显示各个实验的数据通路图、示波器界面等，便于用户对实验过程的直观理解。

二、联机软件的重要菜单功能

1. “端口”菜单

利用“端口选择”选项可以选择通信端口，该命令会自动检测当前系统可用的串口号，并列于组合框中，选择某一串口后，按确定按钮，对选定串口进行初始化操作。在串口初始化成功以后，可以对当前选择的串口进行联机通信测试，并报告测试结果。只测一次，如果联机成功，则将指令区初始化。

2. “检测”菜单

为了更好地维护设备和便于实验排错，实验系统提供了两种系统检测功能，一种是针对简单模型机和复杂模型机这类复杂实验的实验接线检测，连线检测的结果会在联机软件“输出区”的“结果”选项卡进行显示，然后对照图 2.2 所示的系统布局图和附录 B 的单元电路芯片布局图可以在实验电路板上找到对应的芯片。另一种是针对维护的系统检测，可以进行部件或整机检测，进行微控器或存储器检测时不需要连线，其余的都需要连线。与连线检测不同，连线检测只报告连线错误，而系统检测不仅报告连线错误，而且还报告系统中可能存在的错误，比如哪些芯片可能已被损坏，错误报告中芯片的编号信息见附录 B。

对于系统检测提供了 5 种不同的方案，即 MC&MEM 单元检测、ALU 单元检测、REG 单元检测、PC&AR 单元检测和整机检测。检测是对系统的部分通路进行自检，通过分析并得出系统可能出错的电路，为用户产生检测报告。在检测报告中，会指出哪些芯片可能出错，其中芯片的命名规则是：模块名_芯片型号_序号，例如 SYS_245_6 表示 SYS 单元的第 6 片 74LS245 芯片，这些名字可以在附录 B 中查到。

系统检测有些是需要接线的，针对部件的系统检测接线比较少，而整机检测主要是针对复杂模型机进行，所以和复杂模型机相关的通路都会被检测到，各种检测的接线如图 2.24～图 2.27 所示。

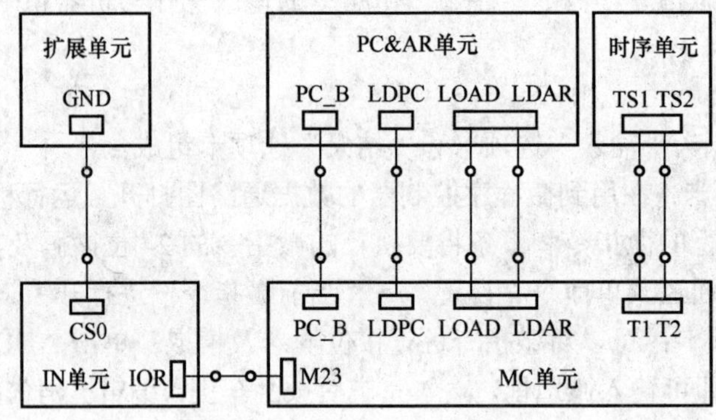

图 2.24 PC&AR 单元检测接线图

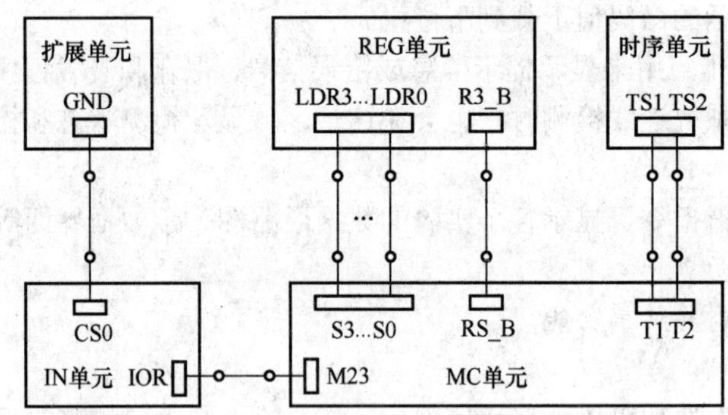

图 2.25 REG 单元检测接线图

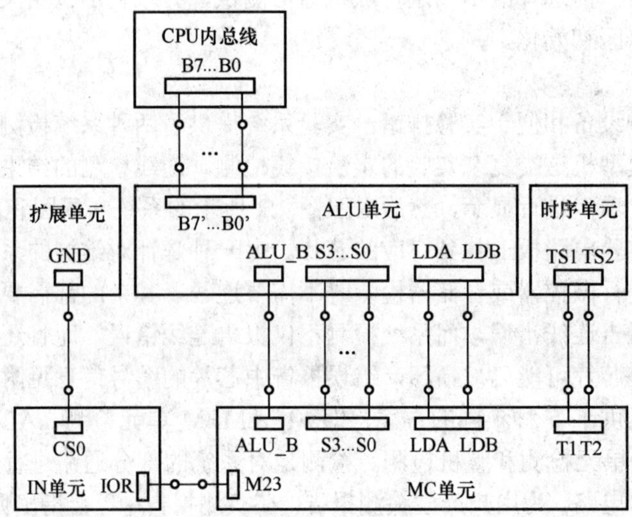

图 2.26 ALU 单元检测接线图

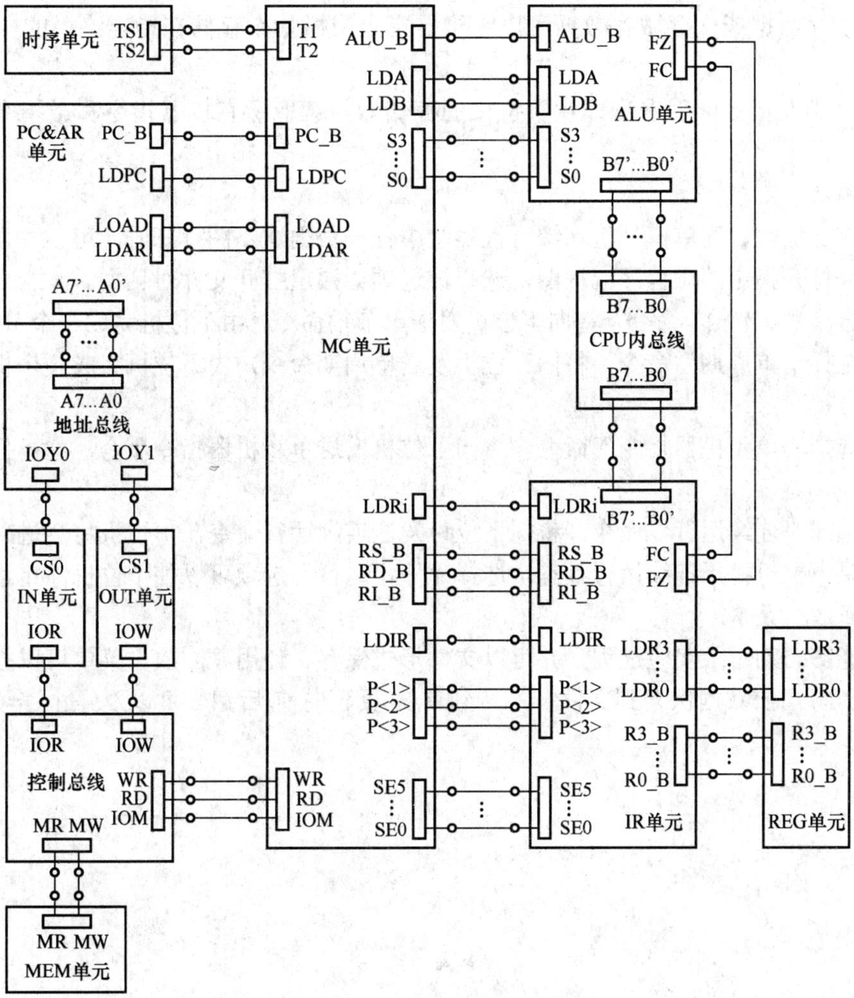

图 2.27　整机检测接线图

3. “转储”菜单

选择“装载数据”选项可以打开任意路径下的*.TXT 文件，如果指令文件合法，能够将指定文件中的数据装载到下位机中。在装载指令时，系统提供了一定的检错功能，如果指令文件中有错误的指令，将会导致系统退出装载，并提示错误的指令行。

指令文件中指令书写格式如下：

机器指令格式说明：

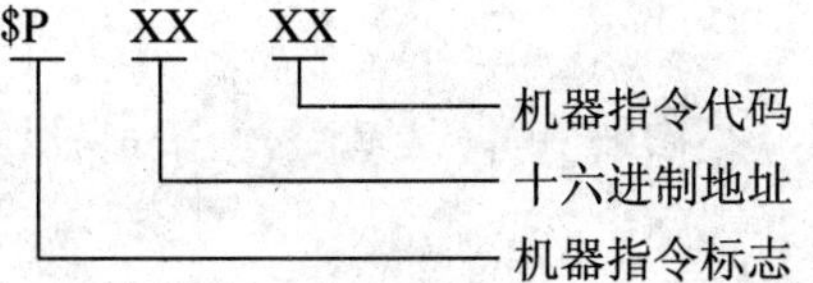

微指令格式说明：

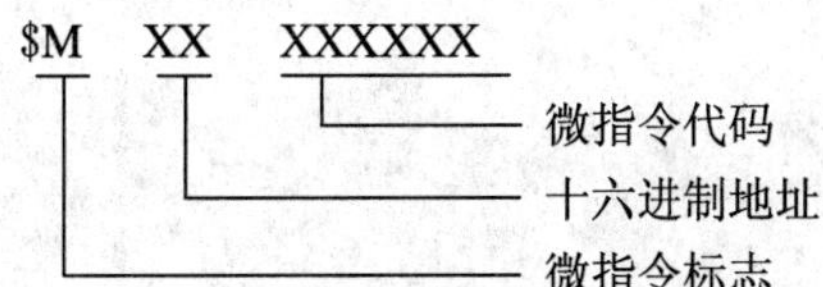

例如机器指令 $P 00 FF，其中“$”为标记号，P 代表机器指令，00 为机器指令的地址，FF 为该地址中的数据；再如微指令 $M 00 AA77FF，其中“$”为标记号，M 代表微指令，00 为机器指令的地址，AA77FF 为该地址中的数据。

选择“保存数据”选项可以将下位机的主存和微控器中的数据保存到上位机的硬盘中，

选择保存主存数据或保存微存数据可以将机器指令或微指令存储在指定路径的*.TXT 格式文件中。

选择“刷新指令区”选项即从下位机的存储器中读取所有机器指令和微指令，并在指令区显示。

4. “调试”菜单

当微控器实验、简单模型机和综合性实验中任一数据通路图打开时，可用“微程序流程图”选项来打开指定的微程序流程图，选择该选项会弹出打开文件对话框。

（1）选择“单节拍”命令，将向下位机发送单节拍命令，由下位机完成一个节拍的工作。

（2）选择“单周期”命令，将向下位机发送单周期命令，由下位机完成一个机器周期的工作。

（3）选择“单步机器指令”命令，将向下位机发送单步机器指令命令，由下位机运行一条机器指令。

（4）选择“连续运行”命令，将向下位机发送连续运行命令，下位机将会进入连续运行状态。如果下位机处于连续运行状态，选择“停止运行”选项可以使下位机停止运行。

5. “回放”菜单

系统能够自动记录实验过程，并可以文件形式保存。使用“回放”菜单可以打开现存的数据文件、将当前数据保存到文件、跳转到首/末页、向前/后翻一页以及停止连续向后翻页等功能。

第3章　计算机组成原理实验

3.1 运　算　器

运算器是加工处理数据的核心部件，其主要功能是进行加、减、乘、除等算术运算和与、或、非等逻辑运算以及移位运算，又称为算术逻辑运算部件（ALU），是中央处理单元（CPU）的重要组成部分。

本节首先安排一个基本的运算器实验，熟悉和掌握运算器的基本结构和工作原理，然后再设计一个超前进位加法器和一个阵列乘法器。

3.1.1 基本运算器实验

1. 实验目的

（1）熟悉运算器的组成结构；

（2）掌握算术、逻辑和移位运算的工作原理；

（3）熟悉基本运算器的数据传送通路；

（4）按给定数据完成几种指定的运算并验证电路功能。

2. 实验原理

运算器单元由一片CPLD（Altera MAXII EPM240）实现的ALU和4片74LS245构成的保护电路组成，ALU和外部电路的连接如图3.1所示，图中的小方框代表排针座。

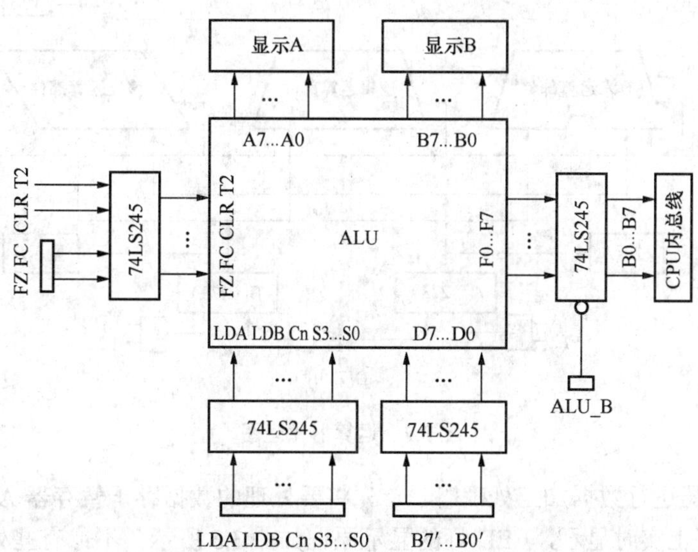

图3.1　ALU和外围电路连接图

由于ALU的工作电压为3.3 V，所以在所有用户操作的I/O管脚都加上74LS245加以隔离保护，以防止误操作时烧坏ALU芯片。ALU的输出通过三态门74LS245连接到CPU内总线上，CPU内总线和数据总线已连通，数据总线指示灯和数据总线相连，用来显示数据总线的内容（实验电路板上所有的 LED 显示灯均为正逻辑，亮为 1，灭为 0）。ALU 的数据输入以排针形式引出 B7′～B0′、LDA、LDB、Cn 和 S3～S0，还有进位标志 FC、零标志 FZ，这些信号均来自于 ALU 单元的排针座。

实验箱中所有单元的 T1、T2 都连接至 MC 单元的 T1、T2，CLR 都连接至 CON 单元的 CLR 按钮。T2 由时序单元的 TS2 提供，其余控制信号均由 CON 单元的二进制数据开关模拟给出。控制信号中除 T2 为脉冲信号外，其余均为电平信号，其中 ALU_B 为低有效，其余为高有效。

不同计算机的运算器结构可能有所差异。在 CM3+教学实验系统中，图 3.1 中 ALU 部件的内部结构如图 3.2 所示，其中“显示 A”、“显示 B”和 ALU 的输出控制“三态控制（245）”是在外围电路中实现的。ALU 的所有其他模块都集成在一片 CPLD 芯片中，其中包含了算术、逻辑和移位 3 个独立的运算部件。

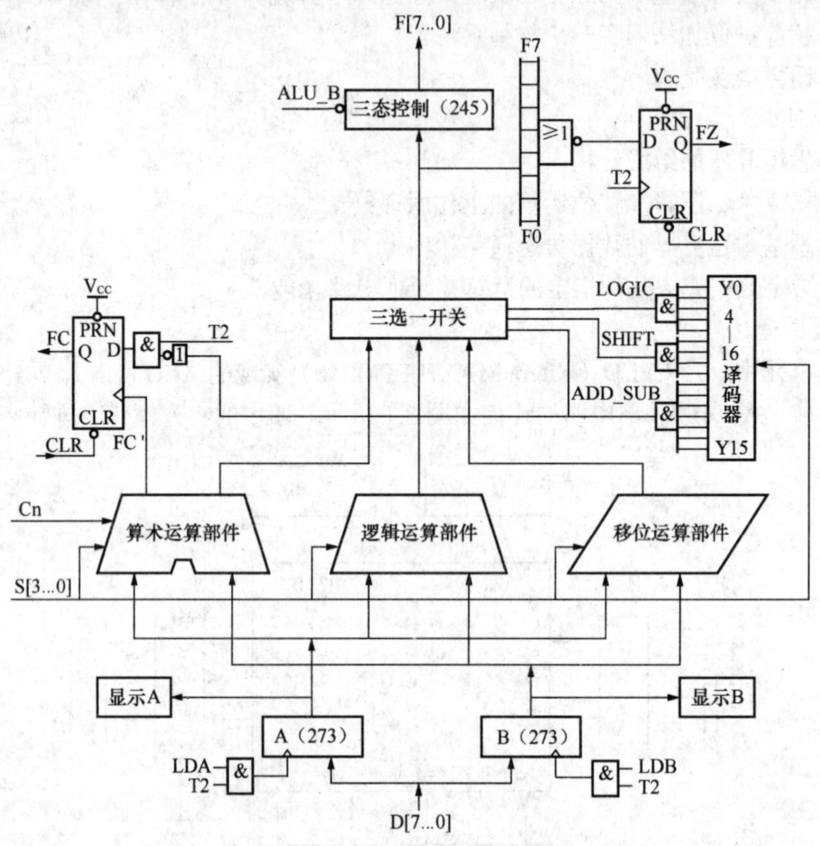

图 3.2　运算器原理图

当使用运算器进行数据加工处理时，首先将要处理的数据存于暂存器 A 和 B，存入的数据能够在 LED 灯上实时显示，LED 灯的显示原理如图 3.3 所示。不像有些处理器体系结构，如 ARM 把移位运算器放在算术和逻辑运算部件之前，CM3+教学实验系统运算器中的 3 个部件同时接收来自暂存器 A 和 B 的数据，各部件对操作数进行何种运算由控制信号 S3～S0 来决定，三选一多路选择开关在任何时候都只能选择其中一个部件的结果作为 ALU 的输出。如果是算术运算，还将置进位标志 FC；在运算结果输出前，置 ALU 零标志 FZ，且 FC 和 FZ 的值也通过 LED 灯实时显示。

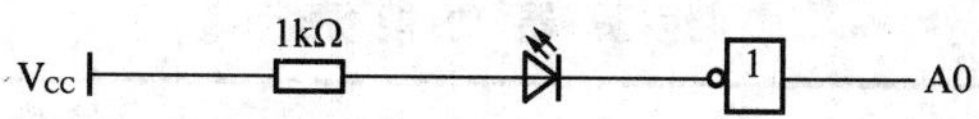

图 3.3　LED 灯显示原理（以 A0 为例）

算术和逻辑运算部件由逻辑门构成，比较简单，在后面的算术运算部件设计实验中再对其进行叙述。移位运算采用的是桶形移位器，一般采用交叉开关矩阵来实现，CM3+教学实验系统采用的是 8×8 交叉开关矩阵。交叉开关的原理如图 3.4 所示，在该 4×4 的交叉开关矩阵中，每一个输入都通过开关与一个输出相连，把沿对角线方向的开关导通，就可实现移位功能，即：

（1）对于逻辑左移或逻辑右移功能，将一条对角线的开关导通，使得所有的输入位与所使用的输出分别相连，而没有同任何输入相连的则输出 0。

（2）对于循环右移功能，右移对角线同互补的左移对角线一起导通。

（3）对于未连接的输出位，算术右移使用符号扩展而不是 0 填充，并使用另外的逻辑进行移位总量译码和符号判别。

（4）导通“不移位”对角线后输入和输出的对应位连接，可以实现数据的直通。

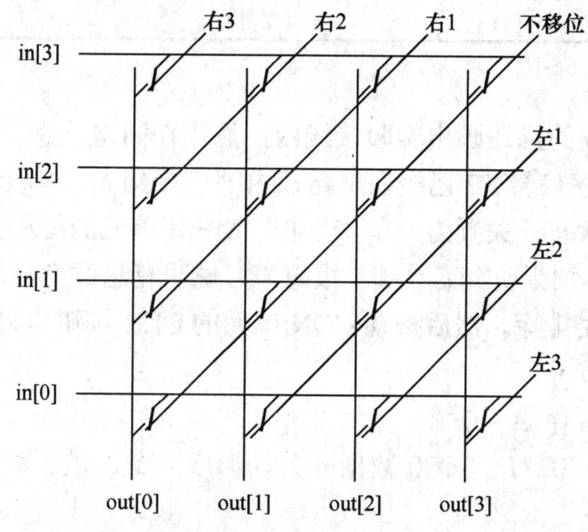

图 3.4　交叉开关桶形移位器原理图

例如，在 4×4 开关矩阵中，若输入数据为 in[3]=1、in[2]=1、in[1]=0 和 in[0]=1，导通“右 1”对角线上的开关，则 out[0]=in[1]、out[1]=in[2]、out[2]=in[3]、out[3]没有输入连接。若 out[3]使用 0 填充，即结果为 0110，则实现了逻辑右移 1 位的功能；若 out[3]使用符号位填充，即结果为 1110，则实现了算术右移 1 位的功能；若同时导通“右 1”和“左 3”两条对角线上的开关，则 out[0]=in[1]、out[1]=in[2]、out[2]=in[3]、out[3]=in[0]，即结果为 0111，实现了循环右移 1 位的功能。

运算器的功能如表 3.1 所示，其中 S3～S0 为 4 位控制信号，Cn 为来自低位的进位信号，FC 为向高位的进位标志，FZ 为运算器零标志，表中“功能描述”栏内的 FC、FZ 表示当前运算会影响到该标志。由图 3.2 可知运算器的数据宽度为 8 位，因此在进行移位运算时，只能取暂存器 B 中数据的低 3 位，忽略高 5 位。

表 3.1 运算器功能表

运算类型	S3 S2 S1 S0	功能描述	
逻辑运算	0 0 0 0	F=A（直通）	
	0 0 0 1	F=B（直通）	
	0 0 1 0	F=AB	（FZ）
	0 0 1 1	F=A+B	（FZ）
	0 1 0 0	F=/A	（FZ）
移位运算	0 1 0 1	F=A 逻辑右移 B（取低 3 位）位	（FZ）
	0 1 1 0	F=A 逻辑左移 B（取低 3 位）位	（FZ）
	0 1 1 1	F=A 算术右移 B（取低 3 位）位	（FZ）
	1 0 0 0	F=A 循环右移 B（取低 3 位）位	（FZ）
算术运算	1 0 0 1	F=A 加 B	（FC，FZ）
	1 0 1 0	F=A 加 B 加 Cn	（FC，FZ）
	1 0 1 1	F=A 减 B	（FC，FZ）
	1 1 0 0	F=A 减 1	（FC，FZ）
	1 1 0 1	F=A 加 1	（FC，FZ）
	1 1 1 0	（保留）	
	1 1 1 1	（保留）	

3. 实验内容

（1）根据对实验原理的描述画出实验接线图，然后在断电状态下连接实验电路，并检查无误。注意：ALU 的时序信号 T2 已经在电路板内部连接到 MC 单元的 T2。

（2）将时序单元的状态开关置为“单步”挡，MEM 单元的编程开关置为“运行”挡。

（3）打开电源开关，如果听到有“嘀”报警声，说明有总线竞争现象，应立即关闭电源，重新检查连线，直到错误排除。然后按动 CON 单元的 CLR 按钮，将运算器的 A、B 和 FC、FZ 清零。

（4）用输入开关向暂存器 A 置数。

①拨动 CON 单元的 SD27～SD20 数据开关，形成一个二进制数如 01100101，数据显示亮为 1，灭为 0。

②置 LDA=1、LDB=0，按动时序单元的 TS 按钮，产生一个 T2 上升沿，则将二进制数 01100101 置入暂存器 A 中，暂存器 A 的值通过 ALU 单元的 A7～A0 八位 LED 灯显示。

（5）用输入开关向暂存器 B 置数。

①拨动 CON 单元的 SD27～SD20 数据开关，形成一个二进制数如 10100111。

②置 LDA=0、LDB=1，按动时序单元的 TS 按钮，产生一个 T2 上升沿，则将二进制数 10100111 置入暂存器 B 中，暂存器 B 的值通过 ALU 单元的 B7～B0 八位 LED 灯显示。

（6）改变运算器的功能设置，观察运算器的输出。置 ALU_B=0、LDA=0、LDB=0，然后按表 3.1 置 S3、S2、S1、S0 和 Cn 的数值，并观察数据总线 LED 灯显示的结果。例如，置 S3、S2、S1、S0 为 0010，运算器作逻辑与运算，置 S3、S2、S1、S0 为 1001，运算器作加法运算。

如果实验箱和 PC 联机操作，则可通过软件中的数据通路图来观察实验结果，方法是：打开联机软件，选择“实验”→“运算器实验”选项，打开运算器实验的数据通路图，如图

3.5 所示，其中右侧给出了各控制信号和状态信号的当前值。进行上面的手动操作，每按动一次 TS 按钮，数据通路图会有数据的流动，以反映当前运算器所做的操作，或在软件中选择“调试”→“单周期”选项，其作用相当于将时序单元的状态开关置为“单步”挡后按动了一次 TS 按钮，数据通路图也会反映当前运算器所做的操作。

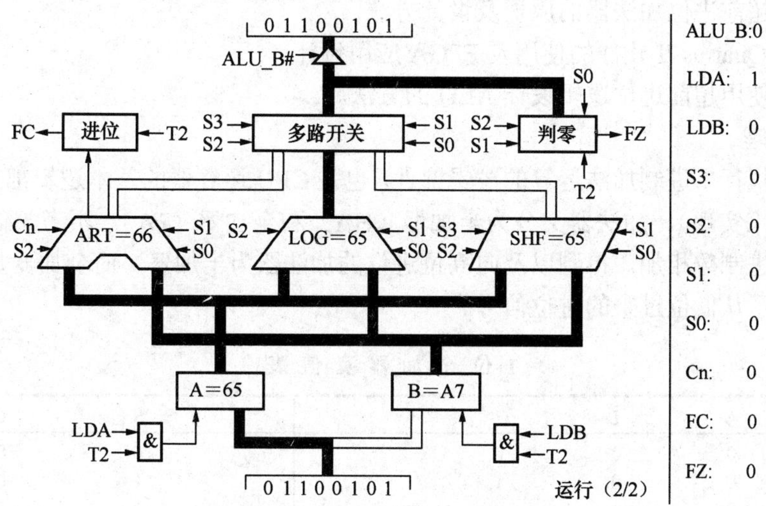

图 3.5 数据通路图

重复上述操作，并完成表 3.2 的运算结果，然后改变 A、B 的值，验证 FC、FZ 的锁存功能。

表 3.2 **运 算 结 果**

运算类型	A	B	S3 S2 S1 S0	结 果
逻辑运算	65	A7	0 0 0 0	F=（ ） FC=（ ） FZ=（ ）
	65	A7	0 0 0 1	F=（ ） FC=（ ） FZ=（ ）
			0 0 1 0	F=（ ） FC=（ ） FZ=（ ）
			0 0 1 1	F=（ ） FC=（ ） FZ=（ ）
			0 1 0 0	F=（ ） FC=（ ） FZ=（ ）
移位运算			0 1 0 1	F=（ ） FC=（ ） FZ=（ ）
			0 1 1 0	F=（ ） FC=（ ） FZ=（ ）
			0 1 1 1	F=（ ） FC=（ ） FZ=（ ）
			1 0 0 0	F=（ ） FC=（ ） FZ=（ ）
算术运算			1 0 0 1	F=（ ） FC=（ ） FZ=（ ）
			1 0 1 0（Cn=0）	F=（ ） FC=（ ） FZ=（ ）
			1 0 1 0（Cn=1）	F=（ ） FC=（ ） FZ=（ ）
			1 0 1 1	F=（ ） FC=（ ） FZ=（ ）
			1 1 0 0	F=（ ） FC=（ ） FZ=（ ）
			1 1 0 1	F=（ ） FC=（ ） FZ=（ ）

4. 实验报告

（1）用文字描述或画图方式给出实验接线图。

（2）连接实验电路并验证无误后，自行设置表 3.2 中 A、B 的数值完成逻辑、移位和算术运算，记录其运算结果并分析 FC、FZ 的锁存功能。利用联机软件提供的实验过程自动记录功能，将上述实验过程保存在文件中。

3.1.2 超前进位加法器设计实验

1. 实验目的

（1）掌握超前进位加法器的原理及设计方法；

（2）熟悉 Quartus II 软件的使用及 FPGA 应用设计；

（3）理解使用超前进位逻辑设计 ALU 的方法。

2. 实验原理

加法器是执行二进制加法运算的逻辑部件，也是 CPU 运算器的基本逻辑部件（减法可以通过补码相加来实现）。加法器又分为半加器（HA）和全加器（FA），不考虑低位的进位，只考虑两个二进制数相加，得到以及向高位进位的加法器为半加器，而全加器是在半加器的基础上又考虑了从低位过来的进位信号。

表 3.3　　1 位全加器真值表

A	B	C_i	S	C_0
0	0	0	0	0
0	0	1	1	0
0	1	0	1	0
0	1	1	0	1
1	0	0	1	0
1	0	1	0	1
1	1	0	0	1
1	1	1	1	1

根据表 3.3 所示的 1 位全加器真值表，可得到如式（3.1）所示的逻辑表达式，其中 A、B 为两个 1 位的加数，C_i 为来自低位的进位，S 为和，C_0 为向高位的进位。

$$\begin{aligned} S &= A\overline{B}\overline{C_i} + \overline{A}B\overline{C_i} + \overline{A}\overline{B}C_i + ABC_i \\ C_0 &= AB + AC_i + BC_i \end{aligned} \tag{3.1}$$

根据逻辑表达式，可得到如图 3.6 所示的逻辑电路图。

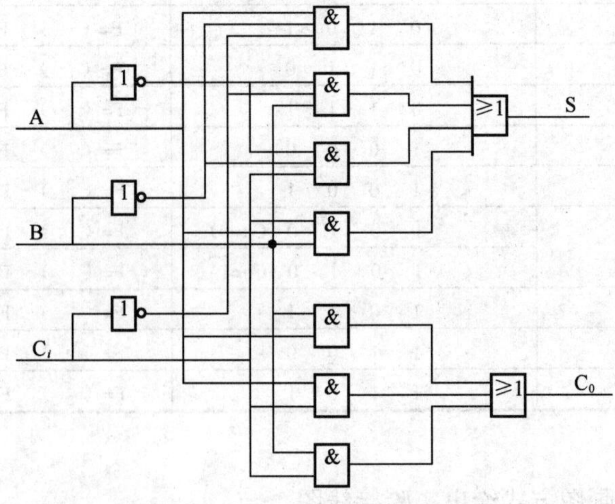

图 3.6　1 位全加器逻辑电路图

有了 1 位全加器，就可以用它来构造多位加法器，例如 n 个 1 位的全加器可级联成一个 n 位的行波进位加法器，电路结构简单，占用资源少。但是，在行波进位加法器这种串行结构中，低位全加器产生的进位要依次串行地向高位进位，加法器每位以及向高位的进位产生都依赖于低位的进位，导致完成加法运算的延迟时间较长，效率并不高。

在串行加法器中，每个加法器都能同时获得加数，根本原因是每一位的结果都要依赖于低位的进位，因而可以通过超前进位方式来提高效率。只要能设计出专门的电路，使得每一位的进位能够并行地产生而与低位的运算情况无关，就能解决这个问题。

首先对加法器进位的逻辑表达式进行如下推导：

$$C_0 = 0$$
$$C_{i+1} = A_iB_i + A_iC_i + B_iC_i = A_iB_i + (A_i + B_i)C_i$$

设

$$g_i = A_iB_i$$
$$p_i = A_i + B_i$$

则有

$$\begin{aligned}C_{i+1} &= g_i + p_iC_i \\ &= g_i + p_i(g_{i-1} + p_{i-1}C_{i-1}) \\ &= g_i + p_i(g_{i-1} + p_{i-1}(g_{i-2} + p_{i-2}C_{i-2})) \\ &\cdots \\ &= g_i + p_i(g_{i-1} + p_{i-1}(g_{i-2} + p_{i-2}(\cdots(g_0 + p_0C_0)\cdots))) \\ &= g_i + p_ig_{i-1} + p_ip_{i-1}g_{i-2} + \cdots + p_ip_{i-1}\cdots p_1g_0 + p_ip_{i-1}\cdots p_1p_0C_0\end{aligned}$$

由于 g_i、p_i 只与 A_i、B_i 有关，这样 C_{i+1} 就只与 A_i，A_{i-1}，…，A_0 和 B_i，B_{i-1}，…，B_0 及 C_0 有关，所以各位的进位 C_i，C_{i-1}，…，C_1 就可以在开始加法运算时并行地产生，这种进位就叫超前进位。

根据上面的推导可知，随着加法器位数的增加，越是高位的进位其逻辑电路就会越复杂，使用的逻辑器件也就越多。实际上，可以继续推导进位的逻辑表达式，使得某些基本逻辑单元能够复用，并且能够实现进位位的并行产生。

观察 C_{i+1} 逻辑表达式，做如下定义：

$$G_{i,j} = g_i + p_ig_{i-1} + p_ip_{i-1}g_{i-2} + \cdots + p_ip_{i-1}\cdots p_{j+1}g_j$$
$$P_{i,j} = p_ip_{i-1}\cdots p_{j+1}p_j$$

则有

$$G_{i,i} = g_i$$
$$P_{i,i} = p_i$$
$$G_{i,j} = G_{i,k} + P_{i,k}G_{k-1,j} \tag{3.2}$$
$$P_{i,j} = P_{i,k}P_{k-1,j}$$
$$C_{i+1} = G_{i,j} + P_{i,j}C_j$$

从而可以得到表 3.4 所示的算法，该算法为超前进位算法的扩展算法，这里实现的是一个 8 位加法器的算法。

表 3.4　　超前进位扩展算法

<table>
<tr><td>$G_{1,0}=g_1+p_1g_0$
$P_{1,0}=p_1p_0$</td><td rowspan="2">$G_{3,0}=G_{3,2}+P_{3,2}G_{1,0}$
$P_{3,0}=P_{3,2}P_{1,0}$</td><td rowspan="4">$G_{7,0}=G_{7,4}+P_{7,4}G_{3,0}$
$P_{7,0}=P_{7,4}P_{3,0}$</td></tr>
<tr><td>$G_{3,2}=g_3+p_3g_2$
$P_{3,2}=p_3p_2$</td></tr>
<tr><td>$G_{5,4}=g_5+p_5g_4$
$P_{5,4}=p_5p_4$</td><td rowspan="2">$G_{7,4}=G_{7,6}+P_{7,6}G_{5,4}$
$P_{7,4}=P_{7,6}P_{5,4}$</td></tr>
<tr><td>$G_{7,6}=g_7+p_7g_6$
$P_{7,6}=p_7p_6$</td></tr>
<tr><td colspan="3">$C_8=G_{7,0}+P_{7,0}C_0$</td></tr>
</table>

从表 3.4 可以看出，该算法的核心思想是把 8 位加法器分成两个 4 位加法器，先求出低 4 位加法器的各个进位，特别是向高 4 位加法器的进位 C_4。然后，高 4 位加法器把 C_4 作为初始进位，使用与低 4 位加法器相同的方法来完成计算。每一个 4 位加法器在计算时，又分成了两个 2 位的加法器，如此递归，如图 3.7 所示。

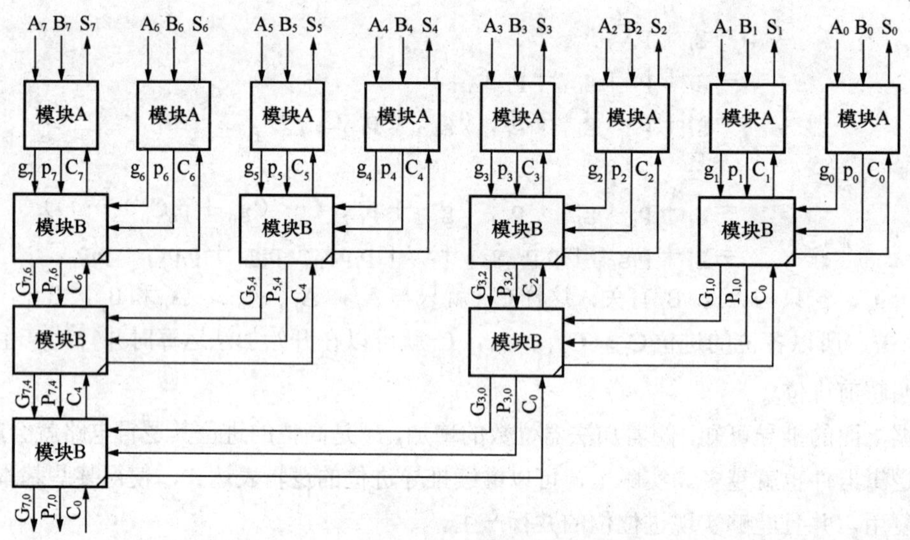

图 3.7　超前进位扩展算法示意图

从逻辑表达式推导和图 3.7 可知，$G_{i,i}$ 和 $P_{i,i}$ 既参与了每位上进位的计算，又参与了下一级 $G_{i,i}$ 和 $P_{i,i}$ 的计算，因此通过对这些电路的复用，使得需要的总逻辑电路数大大减少。与行波进位加法器相比，超前进位加法器的运算速度较快，但逻辑电路比较复杂，使用的逻辑器件较多，这些是为提高运算速度付出的代价。

3. 实验内容

（1）在超前进位扩展算法的逻辑电路实现中，需要设计图 3.7 中的模块 A 和模块 B 两种电路。根据对实验原理的描述，给出模块 A 和模块 B 分别完成的计算逻辑，并给出对应的结构图。

（2）在图 3.7 所示的电路中加入 8 位超前进位加法器的进位输出，然后在 Quartus II 软件中按照基于原理图的设计流程输入该加法器电路，并进行编译、功能和时序仿真以验证电路的功能。

（3）参考附录 A 中 EP1C6Q240C8 FPGA 芯片的引脚定义，在 Quartus II 软件中对 8 位超前进位加法器的输入输出进行引脚绑定，并重新编译生成包含引脚绑定信息的编程文件。

（4）关闭实验系统电源，连接 FPGA 外围实验电路，并检查无误。其中，加数和被加数以及来自低位的进位使用 CON 单元的二进制开关输入，相加的结果和向高位的进位使用 FPGA 扩展板上的 LED 灯显示。

（5）打开实验系统电源，将生成的 pof 或 sof 格式的编程文件采用 AS 或 JTAG 模式对 EP1C6Q240C8 FPGA 芯片编程。

（6）自行设置加数和被加数的值，观察加法器电路的输出结果。

4. 实验报告

（1）用文字描述或画图方式给出模块 A 和 B 的电路图，并给出对应的逻辑表达式。

（2）用文字描述或画图方式给出 FPGA 外围电路接线图。

（3）在 Quartus II 软件中输入 8 位超前进位加法器的原理图设计文件，进行编译、仿真、下载并观察运算结果。

（4）在 Quartus II 软件中输入 8 位行波进位加法器的原理图设计文件，进行编译、仿真、下载并观察运算结果。

（5）自行设置两个加数和进位的初始值，对比分析两种不同结构加法器的逻辑资源使用情况及其运算性能。

3.1.3 阵列乘法器设计实验

1. 实验目的

（1）掌握阵列乘法器的原理及其设计方法；

（2）熟悉 Quartus II 软件的使用及 FPGA 应用设计。

2. 实验原理

在早期的计算机中为了简化硬件结构，硬件乘法器通常采用“串行移位”和“并行加法”相结合的方法进行设计，即多次执行“加法—移位”操作来实现，这种方法并不需要很多的器件，然而串行方法比较慢。由于乘法运算大约占全部算术运算的 1/3，采用高速的单元阵列乘法器，无论从计算机的运算速度，还是从提高计算效率上来说，都是十分必要的。

随着大规模集成电路的发展，出现了各种形式的阵列乘法器，都属于并行乘法器。阵列乘法器分带符号和不带符号的阵列乘法器，该实验针对不带符号的阵列乘法，实现一个高速组合阵列乘法器，方法是采用标准加法单元构成乘法器，即利用多个一位全加器（FA）实现乘法运算。

对于一个 4 位无符号二进制数相乘，有如下算式：

				A3	A2	A1	A0
×				B3	B2	B1	B0
				A3B0	A2B0	A1B0	A0B0
			A3B1	A2B1	A1B1	A0B1	
		A3B2	A2B2	A1B2	A0B2		
+	A3B3	A2B3	A1B3	A0B3			
P7	P6	P5	P4	P3	P2	P1	P0

上式对应的 4×4 阵列乘法器的原理如图 3.8 所示。FA 的斜线方向为进位输出，竖线方向为和输出，其中阵列的最后一行构成了一个串行进位加法器，水平方向送入的加数为 0，把低位产生的进位计算进来。由于同一级的 FA 之间是无须考虑进位的，它的进位被暂时保留下来不向前传递，因此同一级中任意一位 FA 的进位输出与和输出几乎是同时形成的。与“串行移位”方式相比，可大大减少同级 FA 之间的进位传递延迟。送往最后一行的串行加法器的输入延迟仅与 FA 的级数（行数）有关，即与乘数位数有关。

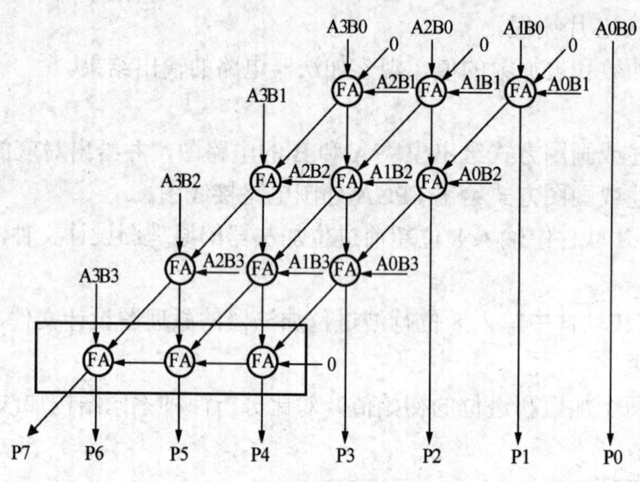

图 3.8 4×4 阵列乘法器原理图

3. 实验内容

（1）在 Quartus II 软件中，按照基于原理图的设计流程输入 FA 的电路并进行编译，然后进行功能和时序仿真以验证电路功能。

（2）根据对实验原理的描述，在 Quartus II 软件中按照基于原理图的设计流程输入 4×4 阵列乘法器电路并进行编译，然后进行功能和时序仿真以验证电路功能。

（3）参考附录 A 中 EP1C6Q240C8 FPGA 芯片的引脚定义，在 Quartus II 软件中对阵列乘法器的输入输出进行引脚绑定，并重新编译生成包含引脚绑定信息的编程文件。

（4）关闭实验系统电源，连接 FPGA 外围实验电路，并检查无误。其中，乘数和被乘数使用 CON 单元的二进制开关输入，相乘的结果在 FPGA 扩展板的 LED 灯上显示。

（5）打开实验系统电源，将生成的 pof 或 sof 格式的配置文件采用 AS 或 JTAG 模式对 EP1C6Q240C8 FPGA 芯片编程。

（6）自行设置乘数和被乘数的值，观察乘法器电路的输出结果。

思考题：带符号阵列乘法器、直接补码并行乘法器同不带符号阵列乘法器的区别是什么？如何在 Quartus II 软件中设计实现这两种阵列乘法器？

4. 实验报告

（1）用文字描述或画图方式给出 FPGA 外围电路接线图。

（2）在 Quartus II 软件中输入 4×4 不带符号阵列乘法器的原理图设计文件，进行编译、仿真、下载并观察运算结果。

（3）在 Quartus II 软件中输入 5×5 带符号阵列乘法器的原理图设计文件，其中最高位为符号位，然后进行编译、仿真、下载并观察运算结果。

3.2　存储系统

存储器是计算机中各种信息存储与交换的中心，把程序和数据存储在存储器中，是冯·诺依曼型计算机的基本特征，也是计算机能够自动、连续快速工作的基础。在程序执行过程中，所要执行的指令是从存储器中获取，运算器所需要的操作数是通过程序中的访存指令从存储器中得到，运算结果在程序执行完之前又必须全部写到存储器中。此外，各种输入输出设备也直接与存储器交换数据。

不论是数据还是程序，在存储器中存放的都是它们的二进制代码形式，目前采用半导体器件来实现存储。一个半导体触发器只有 0 和 1 两个状态，可以存储一个二进制代码。假定一个数用 8 位二进制代码来表示，那么就需要有 8 个触发器来保存这些代码，通常将保存一个数的 8 个触发器称为一个存储单元。存储器是由许多存储单元组成的，存储器所有存储单元的总数称为存储器的存储容量。每个存储单元都有编号，向存储器中存数或者从存储器取数，都要按给定的编号来寻找相应的存储单元，该编号称为存储单元的地址。

本节首先安排一个静态随机存储器实验，熟悉和掌握存储器的基本结构和工作原理，然后设计一个 Cache 存储器系统。

3.2.1　静态随机存储器实验

1. 实验目的

（1）掌握静态随机存储器的基本结构；

（2）掌握静态随机存储器的工作特性及数据的读写方法。

2. 实验原理

静态随机存储器（SRAM）由一片位于 MEM 单元的 6116（2K×8bit）芯片构成，如图 3.9 所示。SRAM 6116 的容量为 2 KB，需要 11 根地址线，即 A10～A0，数据宽度为 8 位；除电源和地线外，还有 3 条控制线：$\overline{CS}$（片选线）、$\overline{OE}$（读线）、$\overline{WE}$（写线），其功能如表 3.5 所示。在片选信号有效（$\overline{CS}$＝0）时，当 $\overline{OE}$＝0 时进行读操作，当 $\overline{WE}$＝0 时进行写操作，本实验系统将 $\overline{CS}$ 常接地。

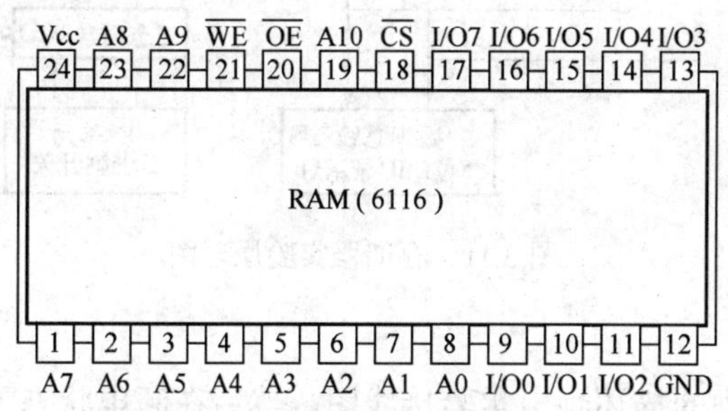

图 3.9　SRAM 6116 引脚图

表 3.5　SRAM 6116 功能表

$\overline{CS}$	$\overline{WE}$	$\overline{OE}$	功　能
1	×	×	不选择
0	1	0	读
0	0	1	写
0	0	0	写

由于存储器（MEM）最终是要挂接到 CPU 上，所以还需要一个读写控制逻辑，使得 CPU 能控制 MEM 的读写，实验中的读写控制逻辑如图 3.10 所示，读信号 RD 和写信号 WR 都是高电平有效。由于 T2 的参与，可以保证 MEM 的写脉宽与 T2 一致，T2 由时序单元的 TS2 给出。IOM 用来选择对 I/O 设备还是对 MEM 进行读写操作，当 IOM＝1 时读写 I/O 设备，当 IOM＝0 时读写 MEM。

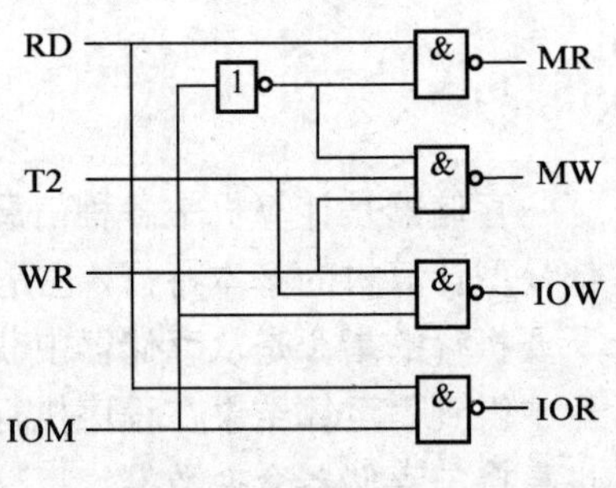

图 3.10 读写控制逻辑

存储器实验原理如图 3.11 所示，其中 RD、WR 高电平有效，MR 和 MW 低电平有效，LDAR 高电平有效。存储器的数据线接至数据总线，数据总线上接有 8 个 LED 灯显示 D7～D0 的内容。地址线接至地址总线，地址总线上接有 8 个 LED 灯显示 A7～A0 的内容，地址由位于 PC&AR 单元的地址锁存器（74LS273）给出。地址锁存器为 8 位，接入 SRAM 6116 的地址 A7～A0，高三位地址 A10～A8 接地，所以实际使用的容量为 256 字节。这里的地址锁存器有两个作用：一是与数据总线隔离，不让数据总线上的数据送到地址线上；二是保证在数据读写期间地址的稳定性。在实验电路板中，位于 IN 单元的二进制开关已经过一个三态门（74LS245）连接到数据总线，可分时用来给出存储器的地址和写入数据。

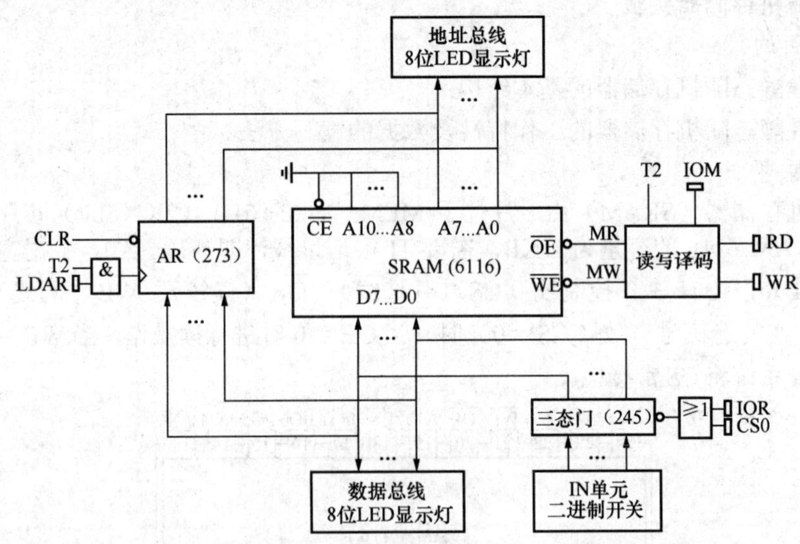

图 3.11 存储器实验原理图

3. 实验内容

（1）根据对实验原理的描述画出实验接线图，然后在断电状态下连接实验电路，并检查无误。注意：ALU 的时序信号 T2 已经在电路板内部连接到 MC 单元的 T2。

（2）将时序单元的状态开关置为“单步”档，MEM 单元的编程开关置为“运行”档。

（3）打开电源开关，如果听到有“嘀”报警声，说明有总线竞争现象，应立即关闭电源，重新检查连线或开关情况，直到错误排除。

（4）给存储器的 00H、01H、02H、03H、04H 地址单元中分别写入数据 11H、12H、13H、14H、15H。由图 3.11 所示的存储器实验原理图可知，数据和地址由同一个二进制开关给出，因此数据和地址要分时写入，先写地址，后写数据。

（5）依次读出第 00H、01H、02H、03H、04H 号地址单元中的内容，观察上述各单元中的内容是否与写入的数据一致。同写操作类似，也要先给出地址，然后进行读操作，注意读操作与写操作时 IN 单元的状态。

（6）随机给出若干地址单元并写入数据，然后进行读操作验证，给出的地址和读写的数据值可以通过 LED 灯显示。

如果实验箱和 PC 联机操作，则可通过软件中的数据通路图来观测实验结果，方法是：打开软件，选择联机软件的“实验”→“存储器实验”选项，打开如图 3.12 所示的存储器实验数据通路图。

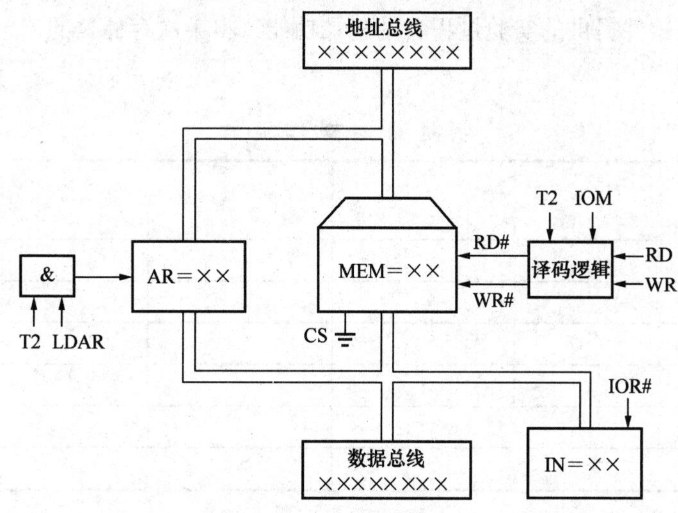

图 3.12　数据通路图

进行上面的手动操作，每按动一次 TS 按钮，数据通路图会有数据的流动，反映当前存储器所做的操作。注意：即使是对存储器进行读，也应按动一次 TS 按钮，数据通路图才会有数据流动。或者在软件中选择“调试”→“单周期”选项，其作用相当于将时序单元的状态开关置为“单步”档后按动了一次 TS 按钮，数据通路图也会反映当前存储器所做的操作。借助于数据通路图，仔细分析 SRAM 的读写过程。

思考题：静态 RAM 和动态 RAM 的结构与工作原理有哪些异同点？

4. 实验报告

（1）用文字描述或画图方式给出实验接线图。

（2）根据对实验原理的描述，给出存储器写操作流程的文字描述，以向 03H 地址单元写入数据 33H 为例，填写表 3.6 中的操作步骤及相关的信号状态。

表 3.6　存储器写操作流程

步骤 信号					
WR					
RD					

续表

步骤 信号					
IOM					
IOR					
LDAR					
T2					

（3）根据对实验原理的描述，给出存储器读操作流程的文字描述，以从 03H 地址单元读取数据为例，填写表 3.7 中的操作步骤及相关的信号状态。

（4）利用联机软件提供的实验过程自动记录功能，将某次存储器的读、写操作过程保存在文件中。

表 3.7 存储器读操作流程

步骤 信号					
WR					
RD					
IOM					
IOR					
LDAR					
T2					

3.2.2 Cache 存储器设计实验

1. 实验目的

（1）掌握 Cache 存储器的原理及其设计方法；

（2）理解 Cache-主存存储层次的工作原理；

（3）熟悉 Quartus II 软件的使用及 FPGA 应用设计。

2. 实验原理

Cache 是介于 CPU 和主存之间的小容量存储器，包括管理在内的全部功能由硬件实现，对程序员是透明的，在一定程度上解决了 CPU 和主存之间的速度差异。与主存容量相比，Cache 的容量很小，它保存的内容只是主存内容的一个子集，且 Cache 与主存的数据交互以块为单位。把主存中的块放到 Cache 中时必须把主存地址映射到 Cache 中，即确定位置的对应关系，并采用硬件实现，以便 CPU 给出的访存地址能够自动变换成 Cache 地址。由于程序访问的局部性，使得主存的平均读出时间接近 Cache 的读出时间，大大提高了 CPU 的访存效率。

地址映射方式有全相联方式、直接方式和组相联方式，本实验采用直接映射方式进行地址变换，如图 3.13 所示，主存中的一块只能映射到 Cache 中的一个特定块。直接映射方式的硬件实现很简单，访问速度也比较快，但是块的冲突率比较高。

假设主存的块号为 B，Cache 的块号为 b，则它们之间的映象关系可以表示为：

$$b = B \bmod C_b$$

其中，C_b是Cache的块容量。如图3.13所示，设主存的块容量为M_b，把主存按Cache的大小分成区，主存每一个分区内的块数与Cache的总块数相等，区容量为M_e，一般主存容量为Cache容量的整数倍，即满足$C_b \times M_e = M_b$。

直接映射方式只能把主存各个区中相对块号相同的那些块映射到Cache中同一块号的那个特定块中。例如，主存的块0只能映射到Cache的块0中，主存的块1只能映射到Cache的块1中，同样，主存区1中的块C_b（在区1中的相对块号是0）也只能映射到Cache的块0中。根据地址映射规则可知，整个Cache地址与主存地址的低位部分是完全相同的，因此Cache将主存地址分成3个部分：块内地址W、块号B和区号E，其中块号和块内地址一起构成了Cache地址，区号与块数据一起保存在Cache块中。直接映射方式的地址变换过程如图3.14所示，主存地址中的块号B与Cache地址中的块号b是完全相同的，同样，主存地址中的块内地址W与Cache地址中的块内地址w也是完全相同的。

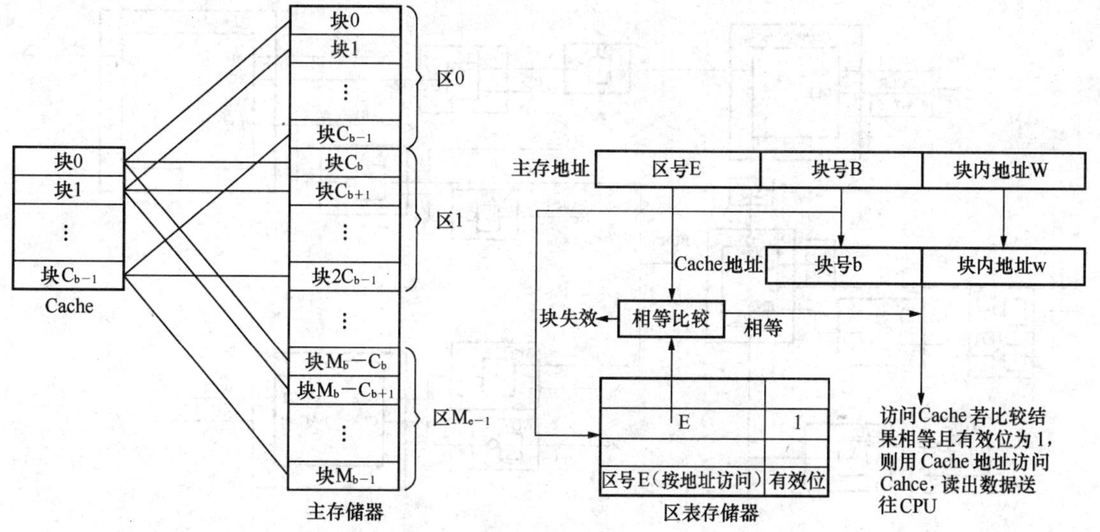

图3.13　直接相联映射方式　　　　图3.14　直接映射地址变换

在程序执行过程中，当要访问Cache时，为了实现主存块号到Cache块号的匹配，需要有一个存放主存区号的小容量存储器，这个存储器的容量与Cache的块数相等，字长为主存地址中区号E的长度，另外再加一个有效位。

在主存地址到Cache地址的变换过程中，首先用主存地址中的块号去访问区号存储器（按地址访问）。把读出来的区号与主存地址中的区号E进行比较，根据比较结果以及与区号在同一存储字中的有效位情况作出处理。如果区号比较结果相等，有效位为1，则Cache命中，表示要访问的那一块已经装入到Cache中了，这时Cache地址（与主存地址的低位部分完全相同）是正确的。用该Cache地址去访问Cache，把读出来的数据送往CPU。其他情况均为Cache没有命中，或称为Cache失效，表示要访问的那个块还没有装入到Cache中。这时要用主存地址去访问主存储器，把读出来的一个字送往CPU，同时把包括被访问字在内的一块都从主存储器中读出来，送往Cache的相应块。

Cache和CPU以及存储器的连接如图3.15所示，本实验要在FPGA中实现Cache及其地址变换逻辑，采用直接映射地址变换方式，只考虑CPU从Cache读数据，而不考虑CPU写回数据的情况。

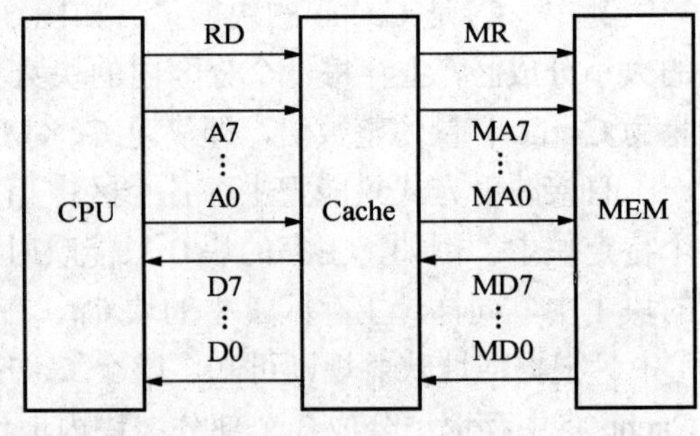

图 3.15 Cache 连接图

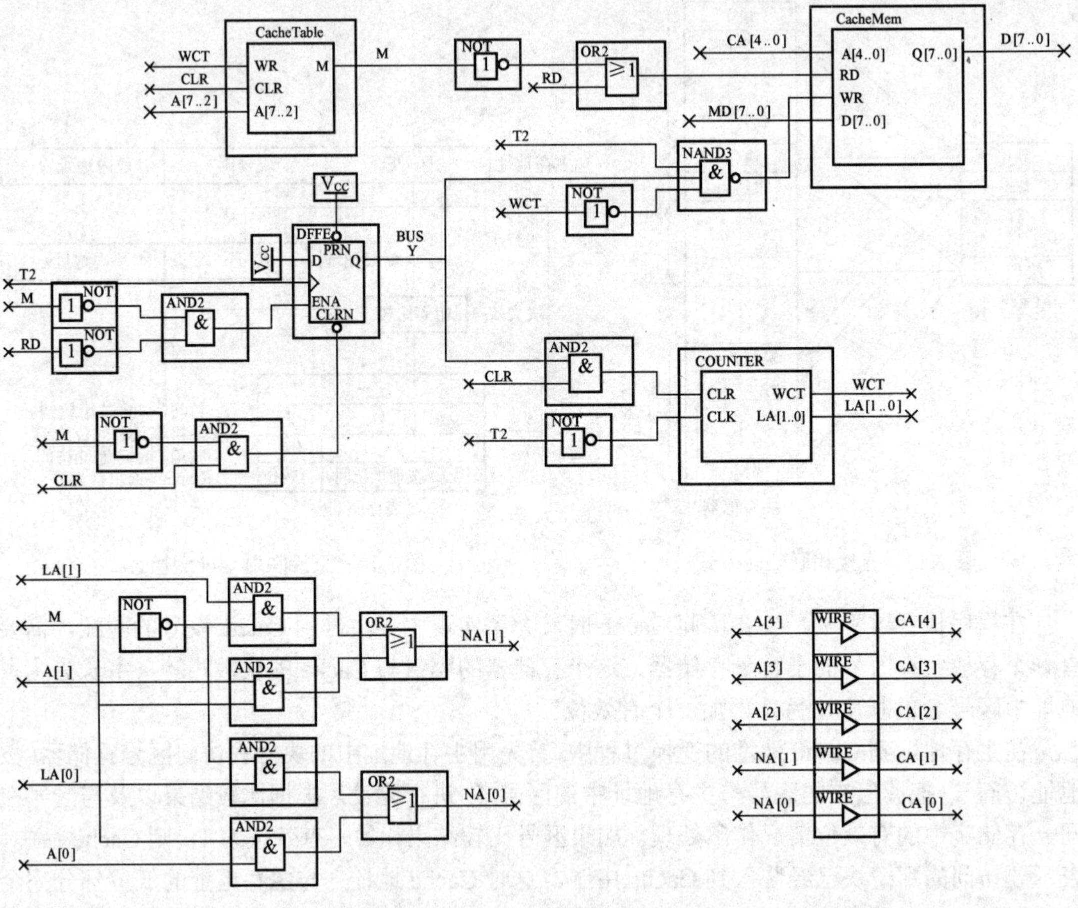

Cache 存储器顶层模块如图 3.16 所示，主存地址为 A7～A0，共 8 位，区号 E 取 3 位，则主存分为 8 个区；Cache 地址取剩余的低 5 位，所以 Cache 容量为 32 个存储单元，块号 B 取 3 位，那么 Cache 分为 8 块；块内地址 W 取最低 2 位，则每块包含 4 个存储单元。在图 3.16 中，WCT 为写 Cache 块表信号，CLR 为系统总清零信号，A7～A0 为 CPU 访问内存的地址，M 为 Cache 失效信号，CA4～CA0 为 Cache 地址，MD7～MD0 为主存送 Cache 的数据，D7～D0 为 Cache 送 CPU 数据，T2 为系统时钟，RD 为 CPU 访问内存读信号，LA［1］和 LA［0］为块内地址。

图 3.16 Cache 存储器顶层模块图

3. 实验内容

（1）在 Quartus II 软件中，使用触发器作为存储一个二进制代码的存储单元，设计一个 8 位的存储单元模块，按照基于原理图的设计流程输入该电路，进行编译、仿真验证后生成存储单元元件供上层设计调用。

（2）根据对实验原理的描述，使用这个8位的存储单元构成一个32×8位的Cache存储体，并在Quartus II软件中按照基于原理图的设计流程输入该电路，进行编译、仿真验证后生成Cache存储体元件供上层调用。

（3）参照上面两步，在Quartus II软件中实现一个4位的存储单元，并生成存储单元元件符号；然后使用这个4位的存储单元构成一个8×4位的区表存储器，用来存放区号和有效位。由图3.14可知，还需要实现一个区号比较器，如果主存地址的区号E和区表中相应单元中的区号相等，且有效位为1，则Cache命中，否则Cache失效，标志位为M，M为0时表示Cache失效。最后，编译、仿真验证后生成区表存储器元件供上层调用。

（4）当Cache命中时，就将Cache存储体中相应单元的数据送往CPU，这个过程比较简单；当Cache失效时，需要将主存中相应块中的数据读出写入Cache中，这样Cache控制器就要产生访问主存储器的地址和主存储器的读信号，由于每块占4个单元，所以需要连续访问4次主存，这就需要一个低地址发生器。在Quartus II软件中，按照基于VHDL的设计流程输入一个2位计数器，用于产生低2位地址00～11，进行编译、仿真验证后生成低地址发生器元件供上层调用。

（5）将产生的低2位地址和CPU给出的高6位地址组合起来，形成访问主存储器的地址，M可以作为主存的读信号。这样，在时钟T2的控制下，就可以将主存中相应的块写入Cache的相应块中，最后再修改区表。在Quartus II软件中，参考图3.16给出的Cache存储器顶层模块，按照基于原理图的设计流程输入该电路，进行编译、仿真验证后生成编程文件。

（6）参考附录A中EP1C6Q240C8 FPGA芯片的引脚定义，在Quartus II软件中对Cache存储器的输入输出进行引脚绑定，并重新编译生成包含引脚绑定信息的编程文件。

（7）关闭实验系统电源，连接FPGA外围实验电路，并检查无误。其中，CPU访问主存的地址和读信号使用CON单元的二进制开关输入。

（8）打开实验系统电源，将生成的pof或sof格式的编程文件采用AS或JTAG模式对EP1C6Q240C8 FPGA芯片编程。

（9）将MEM单元的编程开关置为“运行”档，CLR信号由CON单元的CLR模拟给出，按动CON单元的CLR按钮，清空区表。

（10）预先向主存写入数据。联机软件提供了机器程序下载功能，机器程序事先以指定的格式写入以.TXT为后缀的文件中，以代替手动读写主存。机器指令的格式如下：

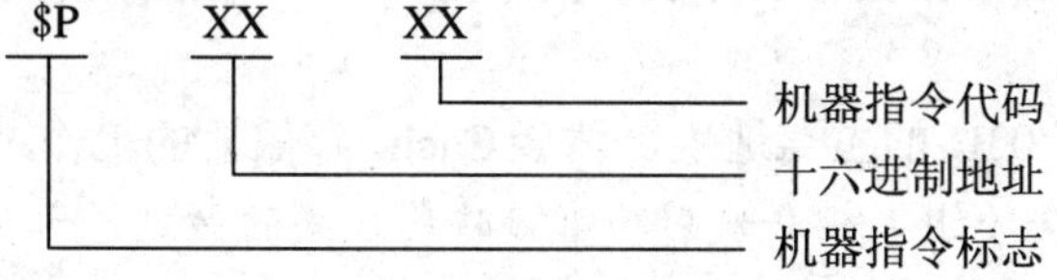

如$P 1F 11，表示机器指令的地址为1FH，指令值为11H，本次实验只初始化00～0FH共16个单元，初始数据如下，程序中分号“;”为注释符，分号后面的内容在下载时将被忽略。

```
; //***** Start Of Main Memory Data ****** //
  $P  00  10    ; 数据
  $P  01  20
  $P  02  30
  $P  03  40
  $P  04  50
```

```
$P 05 60
$P 06 70
$P 07 80
$P 08 90
$P 09 A0
$P 0A B0
$P 0B C0
$P 0C D0
$P 0D E0
$P 0E F0
$P 0F 00
; //****** End Of Main Memory Data ******* //
```

用联机软件中的“转储”→“装载”功能将该格式（*.TXT）的文件装载入实验系统。装入过程中，联机软件界面中输出区的“结果”选项卡会显示装载信息，如当前正在装载的是机器指令还是微指令、还剩多少条指令等。

（11）联机软件在启动时会读取所有机器指令和微指令并显示在指令区，在软件启动后也可以通过选择菜单命令“转储”→“刷新指令区”读取下位机指令，并在指令区显示。单击指令区的“主存”按钮，两列数据中显示了主存的所有数据，第一列为主存地址，第二列为该地址中的数据。对上面文件检查机器程序是否正确，如果不正确，则说明写入操作失败，应重新写入。也可以通过联机软件单独修改某个单元的指令，方法是：单击需修改单元的数据，此时该单元变为编辑框，输入2位数据并按回车键，编辑框消失，写入数据以红色显示，然后单击“刷新指令区”按钮即可。

（12）给出CPU访问主存的读信号和地址，如00000001，将读信号置低，可以观察到FPGA单元上的Cache失效指示灯亮，数据指示灯灭，表示Cache失效。此时按动KK+按钮4次，注意数据总线和地址总线上的指示灯的变化情况，地址会依次加一，数据总线上显示的是当前主存数据，按动4次KK+按钮后，Cache失效指示灯变灭，数据指示灯上显示的值即为Cache送往CPU的数据。

（13）重新给出主存访问地址，如00000011，Cache失效指示灯变灭，表示Cache命中，说明第0块数据已写入Cache。

（14）记住01H单元的数据，然后通过联机软件修改01H单元的数据，重新给出主存访问地址00000001，再次观察数据指示灯表示的值是01H单元修改前的值，说明送往CPU的数据是由Cache给出的。

（15）重新给出大于03H的主存地址，体会Cache存储器的工作过程。

思考题：对比分析全（组）相联映射与直接映射方式的区别。如何在Quartus II软件中设计实现全（组）相联映射方式的Cache存储器？

4. 实验报告

（1）用文字描述或画图方式给出FPGA外围电路接线图。

（2）在Quartus II软件中分别输入存储单元、Cache存储体、区表存储体、低地址发生器、顶层实体等各种设计文件，然后进行编译、仿真、下载并观察执行结果。

（3）自行设置存储器的初始内容以及不同的CPU访存地址，观察Cache存储器的执行情况，并描述其工作原理和特点。

3.3 控 制 器

控制器是计算机的核心部件，与运算器一起称为中央处理单元，简称CPU。计算机的所有硬件都是在控制器的协调和指挥下，完成程序规定的操作。控制器的基本功能是把机器指令转换为按照一定时序控制机器各部件的工作信号，使各部件产生一系列动作，完成指令所规定的操作任务。相对控制器而言，运算器所进行的全部操作都是由控制器发出的控制信号来指挥的，是具体操作的执行部件。

本节首先安排一个时序发生器设计实验，然后再进行微程序控制器和硬布线控制器的设计实验，熟悉和掌握控制器的基本结构和工作原理，为进一步构建模型计算机打下基础。

3.3.1 时序发生器设计实验

1. 实验目的

（1）掌握时序发生器的原理及其设计方法；

（2）熟悉 Quartus II 软件的使用及 FPGA 应用设计。

2. 实验原理

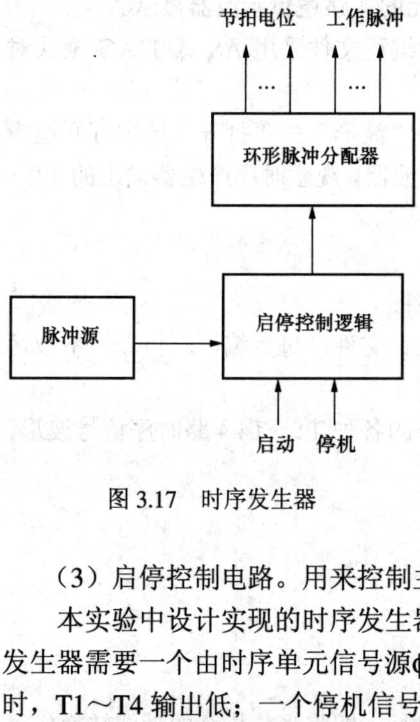

操作控制器产生的时序信号必须定时，为此必须有时序产生器，其作用就是对各种操作信号施加时间上的控制，使计算机的每个动作都在恰当的时间开始。各种计算机的时序信号产生电路不尽相同，涉及的操作动作越多，其时序电路就越复杂。一般来讲，时序产生器都能够产生周期节拍、脉冲等时序信号，如图3.17所示。

图3.17 时序发生器

时序部件至少包括以下几个部分：

（1）脉冲源。又称主振荡器，为计算机提供基准时钟信号。

（2）脉冲分配器。对主频脉冲进行分频，产生节拍电位和时钟脉冲信号。主频脉冲经过脉冲发生器产生时钟脉冲、节拍电位及周期状态电位。一个周期状态电位包含多个节拍电位，而一个节拍电位又包含多个时钟脉冲。

（3）启停控制电路。用来控制主脉冲的启动和停止。

本实验中设计实现的时序发生器要求输出如图3.18所示的T1～T4 4个节拍信号。时序发生器需要一个由时序单元信号源φ提供的脉冲源TS；一个总清零信号CLR，当CLR为低时，T1～T4输出低；一个停机信号STOP，当T4的下降沿到来且STOP为低时，T1～T4输出低；一个启动信号START，当START、T1～T4都为低，且STOP为高时，T1～T4输出环形脉冲。

可通过4位循环移位寄存器来实现T1～T4，CLR为总清零信号，STOP为低时在T4脉冲下降沿清零时序，时序发生器启动后，移位寄存器在TS的上升沿循环左移一位，移位寄存器的输出端即为T1～T4。

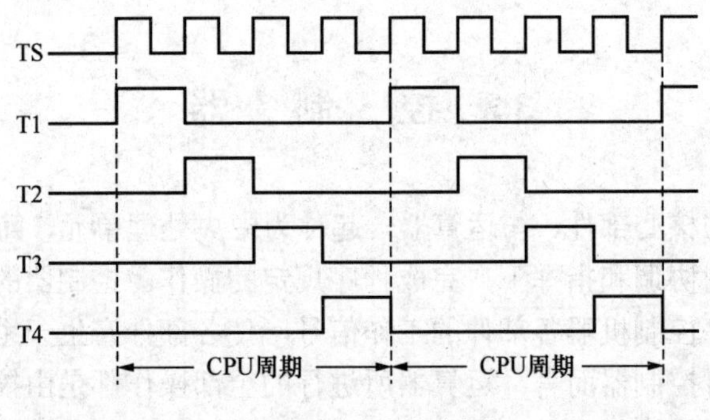

图 3.18 时序状态图

3. 实验内容

（1）根据对实验原理的描述，使用 VHDL 语言设计实现一个时序发生器，在 Quartus II 软件中，按照基于 VHDL 的设计流程建立工程并进行编译，然后进行功能和时序仿真以验证电路功能。

（2）参考附录 A 中 EP1C6Q240C8 FPGA 芯片的引脚定义，在 Quartus II 软件中对时序发生器的输入输出进行引脚绑定，并重新编译生成包含引脚绑定信息的编程文件。

（3）关闭实验系统电源，连接 FPGA 外围实验电路，并检查无误。其中，控制信号使用 CON 单元的二进制开关输入，输出波形使用逻辑测量单元的 4 路逻辑示波器显示。

（4）打开实验系统电源，将生成的 pof 或 sof 格式的编程文件采用 AS 或 JTAG 模式对 EP1C6Q240C8 FPGA 芯片编程。

（5）自行设置各控制信号的值，运行联机软件并选择“波形”→“打开”选项打开逻辑示波器窗口，然后选择“波形”→“运行”选项启动逻辑示波器，观察时序产生器输出的 T1～T4 4 路时序信号波形。

4. 实验报告

（1）用文字描述或画图方式给出 FPGA 外围电路接线图。

（2）在 Quartus II 软件中输入时序产生器的 VHDL 设计文件，进行编译、仿真、下载运行，并通过联机软件观察波形。

（3）自行组合设置各控制信号的值，观察并记录输出的各种 T1～T4 4 路时序信号波形。

3.3.2 微程序控制器实验

1. 实验目的

（1）掌握微程序控制器的组成原理和控制思想；

（2）掌握微程序的设计和编程方法；

（3）观察并掌握微程序的运行方式。

2. 实验原理

微程序控制器的基本任务是完成当前指令的翻译和执行，即将当前指令的功能转换成可以控制硬件逻辑部件工作的微命令序列，完成数据传送和各种处理操作。它的执行方法是将控制各部件动作的微命令的组合进行编码，即将一组实现一定操作功能的微命令的组合，仿照机器指令，用数字代码的形式构成一条微指令。这样就可以用许多条微指令组成的序列来表示一条机器指令，这种微指令序列称为微程序，微程序存储在一种称为控制存储器（cm）的专用存储器中。微程序控制器原理如图 3.19 所示。

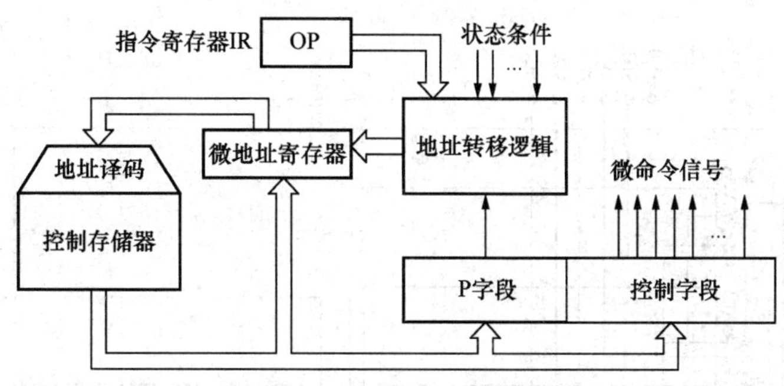

图 3.19　微程序控制器组成原理框图

控制器是严格按照系统时序工作的，因而时序控制对于控制器的设计非常重要，从时序发生器设计实验可以清楚地了解时序电路的工作原理。各种计算机时序信号的产生电路不同，本实验所用的时序由时序单元提供，分为两拍：TS1 和 TS2。

本系统的微程序控制器单元主要由编程部分和核心微控器组成，如图 3.20 所示。编程部分通过编程开关的相应状态选择及由 T1 引入的节拍脉冲，完成将预先定义的微代码程序写入具有掉电保护功能的控制存储器中，并可以对控制存储器中的程序进行校验，方便实现本机现场直接编程功能。编程开关位于实验平台的左边中部，它具有 3 种状态：编程、校验、运行，其中编程和校验需要接线。图 3.20 中的微地址寄存器输出端增加了一组三态门，目的是隔离触发器的输出，增加抗干扰能力，并用来驱动微地址显示灯。

①处于编程状态时，微地址由 ADDR 单元给出，微代码输入三态门打开，后续微地址三态门关闭，同时控制存储器 2816 写有效，读无效。此时若启动时序电路，即可根据微地址和微指令格式将微指令二进制代码写入 2816 中，并在相应的显示灯上显示。

②处于校验状态时，微地址由 ADDR 单元给出，微代码输入三态门关闭，后续微地址三态门关闭，同时 2816 读有效，写无效。可以读出相应微地址中的微代码并在微代码显示灯（M23～M0）上显示，判断写入的二进制代码是否正确。

③处于运行状态时，微地址由微地址寄存器给出，微代码输入三态门关闭，后续微地址三态门打开，同时 2816 读有效，写无效。此时若启动时序电路，即从微地址显示灯（MA5～MA0）显示的微程序入口微地址开始，根据微程序流程图自动执行微程序。

核心微控器主要是接收机器指令译码器送来的代码，使控制转向相应机器指令对应的首条微代码程序，对机器指令的功能进行解释或执行的工作。具体来讲，就是通过接收 CPU 指令译码器发来的信号，找到该机器指令对应的首条微代码的入口微地址，再通过由 T1 引入的时序节拍脉冲的控制，逐条读出微代码。然后，其中几位经过译码，一并产生实验板所需的控制信号，将它们加到数据通路中相应的控制位，可对该机器指令的功能进行解释和执行。指令解释到最后，再继续接收下一条机器指令代码，并使控制转到对应的入口微地址，这样周而复始，即可实现机器指令程序的运行。

其中，控制存储器采用 3 片 2816 E^2PROM 构成，其片选信号（CS）在手动状态下一直为 0，而在和 PC 联机状态下，受单片机 89S51 控制；微命令寄存器 18 位，用两片 8D 触发器（273）和一片 4D（175）触发器组成；微地址寄存器 6 位，用 3 片正沿触发的双 D 触发器（74）组成，它们带有清零端和预置端，通过一个 74LS245 输入微地址，并通过 MA5～MA0 显示；

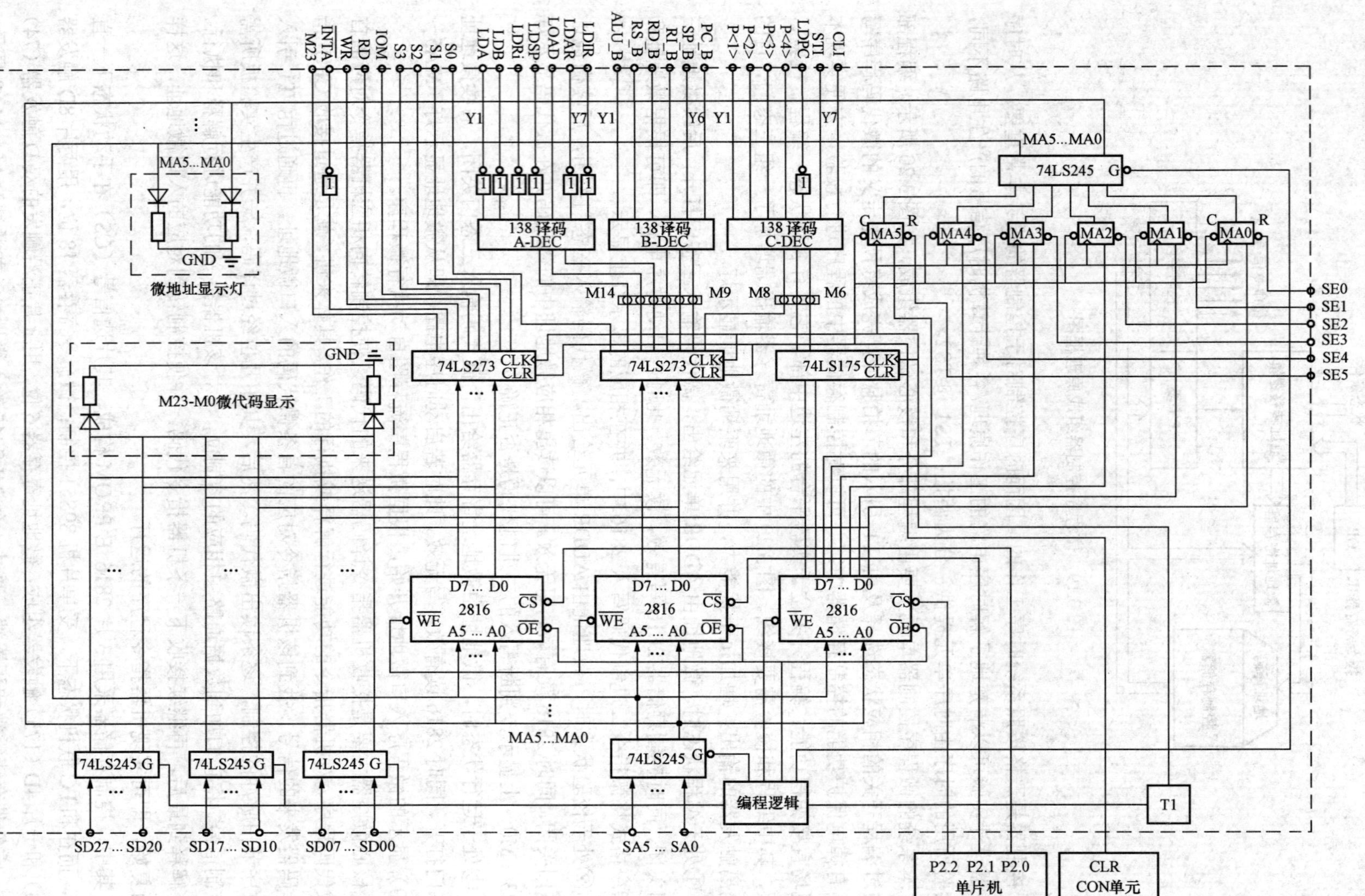

图 3.20 微程序控制器原理图

微代码由 CON 单元的 SD27～SD20、SD17～SD10、SD07～SD00 共 24 个二进制开关给出，通过 3 个 74LS245 输入并在 M23～M0 上显示；T1 为微地址输出锁存器（74LS74）、微代码输出锁存器（74LS273、74LS175）的时钟信号，在不判别测试的情况下，T1 时刻打入微地址寄存器的内容即为下一条微指令地址；当 T2 时刻进行测试判别时，转移逻辑满足条件后输出的负脉冲通过强置端将某一触发器置为 1 状态，完成地址修改；CLR 为清零信号的引出端，实验板中已接至 CON 单元中最右边的 CLR 按钮上，该二进制按钮为 CLR 专用；SE5～SE0 端挂接到 CPU 指令译码器的输出端，通过译码器确定相应机器指令的微代码入口，也可人为手动模拟 CPU 指令译码器的输出，达到同样目的。

核心微控器是根据 M23～M0 所显示的相应控制位，再经过部分译码产生的二进制信号实现机器指令程序的顺序、分支以及循环运行，所以有效地定义 24 位微代码对系统的设计至关重要。本实验中的微指令字长共 24 位，控制位顺序如表 3.8 所示。图 3.20 中的微控器产生的控制信号比表 3.8 中的多，这是因为不同实验所需的控制信号不一样，本实验只用了部分控制信号。

表 3.8　　微 指 令 格 式

23	22	21	20	19	18～15	14～12	11～9	8～6	5～0
M23	M22	WR	RD	IOM	S3～S0	A 字段	B 字段	C 字段	MA5～MA0

A 字段

14	13	12	选择
0	0	0	NOP
0	0	1	LDA
0	1	0	LDB
0	1	1	LDR0
1	0	0	保留
1	0	1	保留
1	1	0	保留
1	1	1	LDIR

B 字段

11	10	9	选择
0	0	0	NOP
0	0	1	ALU_B
0	1	0	R0_B
0	1	1	保留
1	0	0	保留
1	0	1	保留
1	1	0	保留
1	1	1	保留

C 字段

8	7	6	选择
0	0	0	NOP
0	0	1	P<1>
0	1	0	保留
0	1	1	保留
1	0	0	保留
1	0	1	保留
1	1	0	保留
1	1	1	保留

其中，MA5～MA0 为 6 位的后续微地址；A、B、C 为 3 个译码字段，分别由 3 个控制位译码出多位，C 字段中的 P<1>为测试字位，其功能是根据机器指令及相应微代码进行译码，使微程序转入相应的入口微地址，从而完成对指令的识别，并实现微程序的分支。本实验的指令译码原理如图 3.21 所示，指令译码逻辑在 IR 单元的 INS_DEC（GAL20V8）中实现，其中 I7～I2 为指令寄存器的第 7～2 位输出，SE3～SE0 为微控器单元微地址锁存器的强置端输出。

本实验除用到如图 2.5 所示的指令寄存器（IR）和图 2.3 所示的通用寄存器（R0）以外，还用到如图 2.14 所示的 IN 单元和图 2.15 所示的 OUT 单元电路。由于从微程序控制器出来的信号只有 IOM、WR 和 RD 3 个信号，所以对这两个单元的读写信号还应先经过译码，其译码原理如图 3.21 所示，使用 IOR 和 IOW 信号可以控制 IN 单元的输入和 OUT 单元的输出。

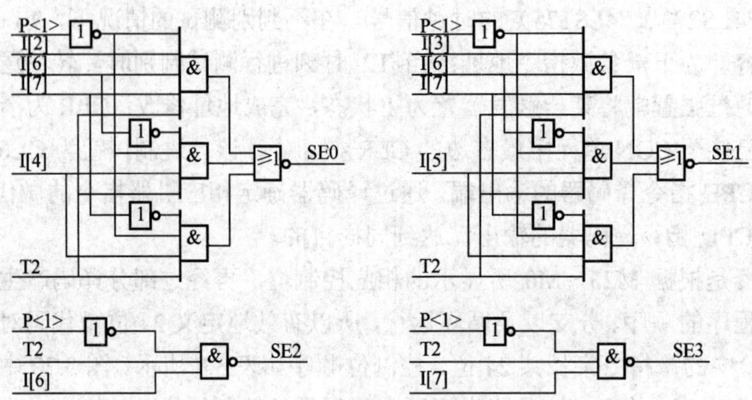

图 3.21 指令译码原理

本实验安排了 4 条机器指令，分别为 ADD（0000 0000）、IN（0010 0000）、OUT（0011 0000）和 HLT（0101 0000），括号内为各指令的二进制代码，指令格式如表 3.9 所示，其中高 4 位为操作码。

表 3.9 **指 令 格 式**

助 记 符	机 器 指 令 码	说 明
IN	0010 0000	IN→R0
ADD	0000 0000	R0＋R0→R0
OUT	0011 0000	R0→OUT
HLT	0101 0000	停机

实验中的 4 条机器指令由 CON 单元的二进制开关手动给出，其余单元的控制信号均由微程序控制器自动产生，为此可以设计出相应的数据通路图，如图 3.22 所示。利用方框图语言，4 条机器指令对应的参考微程序流程图如图 3.23 所示，一个矩形方框表示一条微指令，

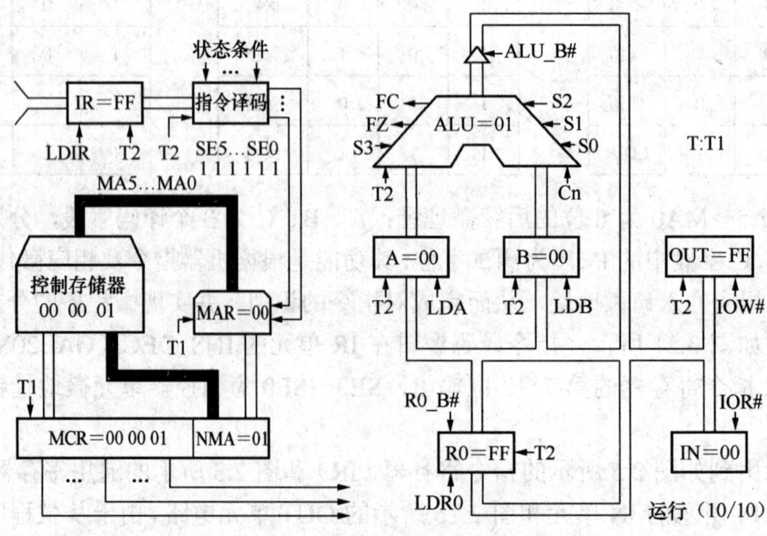

图 3.22 数据通路图

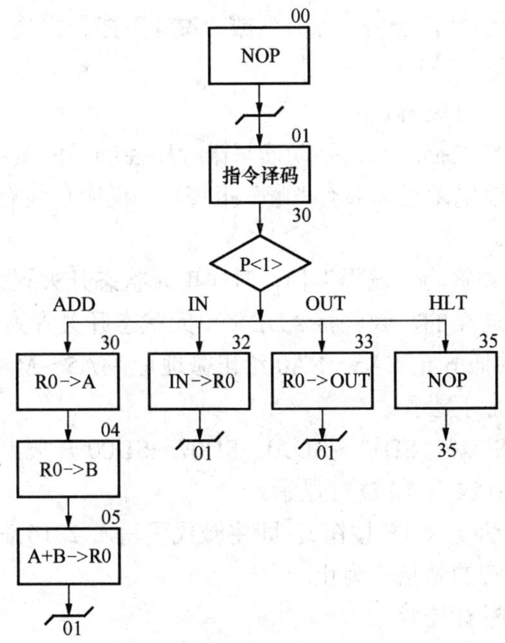

图 3.23　微程序流程图

方框中的内容为该指令执行的微操作，根据 P<1>测试字的测试结果使微程序产生分支，向下的箭头指出了下一条要执行的指令。此外，右上角的数字是该指令的微地址，右下角的数字是该指令的后续微地址，所有微地址均用 16 进制表示。

将微程序的全部微指令按相应格式变成二进制微代码，得到如表 3.10 所示的二进制代码表。

表 3.10　　二进制微代码表

地址	十六进制	高五位	S3～S0	A 字段	B 字段	C 字段	MA5～MA0
00	00 00 01	00000	0000	000	000	000	000001
01	00 70 70	00000	0000	111	000	001	110000
04	00 24 05	00000	0000	010	010	000	000101
05	04 B2 01	00000	1001	011	001	000	000001
30	00 14 04	00000	0000	001	010	000	000100
32	18 30 01	00011	0000	011	000	000	000001
33	28 04 01	00101	0000	000	010	000	000001
35	00 00 35	00000	0000	000	000	000	110101

3. 实验内容

（1）首先将微程序写入控制存储器并进行正确性校验。对微控器进行读写操作，分两种情况：手动读写和联机读写。

1）手动读写。进行手动读或者写，都需要手动给出地址，系统专门安排了一个 ADDR 单元，作为地址输入，其原理如图 2.20 所示。ADDR 单元实际是一个加减计数器，当开关置为“加 1”挡时，在 T2 的下降沿计数器进行加 1 计数；当开关置为“减 1”挡时，在 T2 的下降沿计数器进行减 1 计数；当开关置为“置数”挡时，计数器置初值，其作用相当于直通，SA7～SA0 的输出值就是二进制开关组的值。在实验中选择什么挡位，取决于写入数据的地址是否连续，如果是连续地址，选择“加 1”或“减 1”挡会方便一些；如果是离散地址，选择“置数”挡会方便一些。

手动对微程序控制器进行编程：

①首先根据对实验原理的描述画出手动读写微程序控制器的接线图，然后在断电状态下连接电路并检查无误。接通电源后如果有“嘀”报警声，说明总线有竞争现象，应关闭电源，检查接线，直到错误排除。

②将 MC 单元编程开关置为“编程”挡，时序单元状态开关置为“单步”挡。由表 3.10 可知，微指令的地址是不连续的，因此将 ADDR 单元状态开关置为“置数”挡。

③使用 ADDR 单元的低 6 位 SA5～SA0 给出微地址 MA5～MA0，微地址可以通过 MC 单元的 MA5～MA0 微地址灯显示。

④CON 单元 SD27～SD20、SD17～SD10、SD07～SD00 开关上置 24 位微代码，待写入值由 MC 单元的 M23～M0 24 位 LED 灯显示。

⑤启动时序电路（按动一次 TS 按钮），即将微代码写入 2816 E^2PROM 芯片相应地址对应的单元中，直到写入所有的微指令为止。

手动对微程序控制器进行校验：

①手动读取微指令的接线与编程电路一样，此时需将 MC 单元编程开关置为“校验”挡，时序单元状态开关置为“单步”挡，ADDR 单元状态开关置为“置数”挡。

②使用 ADDR 单元的低 6 位 SA5～SA0 给出微地址 MA5～MA0，微地址可以通过 MC 单元的 MA5～MA0 微地址灯显示。相应地址单元的数据将被读出，并在 MC 单元的 M23～M0 24 位 LED 灯显示，重复本步，检查 2816 芯片中相应地址单元的数据是否与表 3.10 中的二进制数据是否相同，如果不同，则说明写入操作失败，应重新写入。

2）联机读写。

将微程序写入文本文件：

联机软件提供了微程序下载功能，以代替手动读写微程序控制器，但微程序需以指定的格式写入以.TXT 为后缀的文件中。微程序的格式如下。

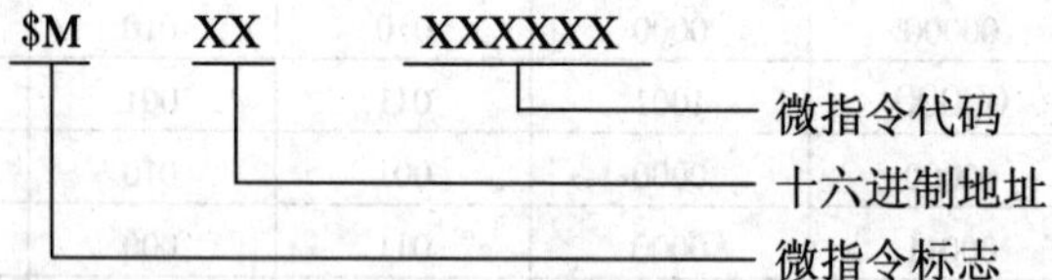

如$M 1F 112233，表示微指令的地址为 1FH，微指令值为 11H（高）、22H（中）、33H（低），本次实验的微程序实例如下，其中分号“;”为注释符，给出了每条微指令的符号描述，注释内容在下载时将被忽略掉。

```
; //***************************************         //
; //              微控器实验指令文件                    //
; //***************************************         //
; //**** Start Of MicroController Data ****          //
  $M  00  000001    ; NOP
  $M  01  007070    ; CON（INS）->IR, P<1>
  $M  04  002405    ; R0->B
  $M  05  04B201    ; A 加 B->R0
  $M  30  001404    ; R0->A
  $M  32  183001    ; IN->R0
```

```
$M 33 280401    ; R0->OUT
$M 35 000035    ; NOP
; //***** End Of MicroController Data *****    //
```

写入微程序：

打开联机软件并选择“转储”→“装载”功能将该格式（*.TXT）文件载入实验系统。在装入过程中，软件界面的输出区“结果”选项卡会显示装载信息，如当前正在装载的是机器指令还是微指令、还剩多少条指令等。

校验微程序：

选择联机软件的“转储”→“刷新指令区”选项可以读出下位机所有的机器指令和微指令，并在指令区进行显示。检查微程序控制器相应地址单元的数据和表3.10中的二进制数据是否相同，如果不同，则说明写入操作失败，应重新写入。

（2）根据对实验原理的描述画出实验接线图，然后在断电状态下连接实验电路，并检查无误。接通电源后如果有“嘀”报警声，说明总线有竞争现象，应关闭电源，检查接线，直到错误排除。

（3）运行微程序。运行时也分为本机运行和联机运行两种情况。

1）本机运行。

①将MC单元的编程开关置为“运行”挡，MEM单元的编程开关也置为“运行”挡，按动CON单元的CLR按钮，将微地址寄存器（MAR）清零，同时也将指令寄存器（IR）、ALU单元的暂存器A和B清零。

②将时序单元的状态开关置为“单拍”挡，然后按动TS按钮，体会系统在T1和T2节拍中所做的工作：T1节拍，微控器将后续微地址（下条执行的微指令的地址）打入微地址寄存器，当前微指令打入微指令寄存器，并产生执行部件相应的控制信号；T2节拍根据T1节拍产生的控制信号作出相应的执行动作，如果测试位有效，还要根据机器指令及当前微地址寄存器中的内容进行译码，使微程序转入相应的微地址入口，实现微程序的分支。

③按动CON单元的CLR按钮，将微地址寄存器（MAR）等清零，并将时序单元的状态开关置为“单步”挡。

④置IN单元数据为00100011，按动TS按钮，当MC单元后续微地址显示为000001时，在CON单元的SD27～SD20模拟给出IN指令00100000并继续单步执行，当MC单元后续微地址显示为000001时，说明当前指令已执行完；在CON单元的SD27～SD20给出ADD指令00000000，该指令将会在下一个T2节拍被打入指令寄存器（IR），由它将R0中的数据和其自身相加后送R0；接下来在CON单元的SD27～SD20给出OUT指令00110000并继续单步执行，在MC单元后续微地址显示为000001时，观察OUT单元的显示值是否为01000110。

2）联机运行。

联机运行时，在软件界面的菜单中选择“实验”→“微控器实验”选项打开本实验的数据通路图，也可以通过工具栏上的下拉列表框打开数据通路图，如图3.22所示。

将MC单元的编程开关置为“运行”挡，MEM单元的编程开关也置为“运行”挡，按动CON单元的总清开关后，按动软件界面中的单节拍按钮，当后续微地址（数据通路图中的MAR）为000001时，置CON单元SD27～SD20，产生相应的机器指令，该指令将会在下一个T2节拍被打入指令寄存器（IR），在后面的节拍中将执行这条机器指令。也可以打开微程序流程图，跟踪显示每条机器指令的执行过程。

仔细观察每条机器指令的执行过程，体会后续微地址被强置转换的过程，这是计算机识别和执行指令的根本所在。然后，按本机运行的顺序给出数据和指令，观察最后的运算结果是否正确。

（4）修改每条微指令的地址，然后重新执行上述操作。

（5）根据对实验原理的描述和运算器实验对 ALU 的描述，扩展本实验的指令集，比如增加一条减法指令等，然后使用扩展后的指令集编写一段简单的微程序，将其下载到控制存储器中并验证其正确性，观察微程序的执行流程。

4. 实验报告

（1）用文字描述或画图方式给出读写控制存储器和微程序控制器运行的实验接线图。

（2）观察并简要描述使用 4 条指令编写的微程序的执行流程，并说明微程序控制器的基本控制原理。

（3）简要描述指令集的扩展方法，使用扩展后的指令集编写一段微程序，并简要说明其执行情况。

3.3.3 硬布线控制器设计实验

1. 实验目的

（1）掌握硬布线控制器的构成和设计方法；

（2）对比分析硬布线控制器和微程序控制器的工作原理；

（3）熟悉 Quartus II 软件的使用及 FPGA 应用设计。

2. 实验原理

硬布线控制器是早期设计计算机的一种方法，随着 VLSI 技术的发展，这种方式又重新得到重视。硬布线控制器本质上是一种由门电路和触发器构成的复杂树形逻辑网络，它将输入逻辑信号转换成一组输出逻辑信号，即控制信号。控制器的输入信号有指令寄存器的输出、时序信号和运算结果标志状态信号等，输出是所有各部件需要的各种微操作信号，用于控制各部件在规定的时间完成相应的操作。

硬布线控制器的设计思想是：在硬布线控制器中，操作控制器发出的各种控制信号是时间特征和空间特征的函数。各个操作的定时控制构成操作控制信号的时间特征，而各种不同部件的操作所需要的不同操作信号则构成操作控制信号的空间特征。硬布线控制器就是把时间信号和操作信号组合，从而产生具有定时特点的控制信号。

本实验安排了 5 条机器指令，分别为 ADD（0000 0000）、IN（0010 0000）、OUT（0011 0000）、HLT（0101 0000）和 JMP addr（1110 0000），括号内为各指令的二进制代码，指令格式如表 3.11 所示，其中高 4 位为操作码。

表 3.11　　指 令 格 式

助 记 符	机 器 指 令 码	说　明
IN	0010 0000	IN→R0
ADD	0000 0000	R0＋R0→R0
OUT	0011 0000	R0→OUT
JMP addr	1110 0000 ********	Addr→PC
HLT	0101 0000	停机

根据指令要求，得出用时钟进行驱动的状态机描述，即得出其有限状态机，如图 3.24 所示，每个状态中的基本操作如表 3.12 所示。

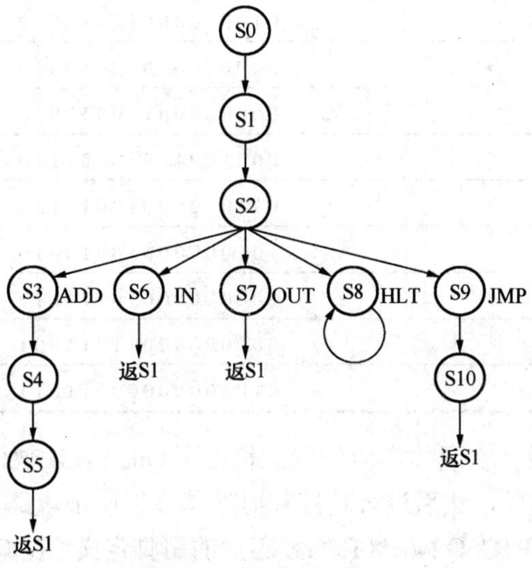

图 3.24 状态机描述

表 3.12　　状 态 操 作 表

状　　态	基 本 操 作
S0	空操作，系统复位后的状态
S1	PC→AR，PC＋1
S2	MEM→BUS，BUS→IR
S3	R0→BUS，BUS→A
S4	R0→BUS，BUS→B
S5	A 加 B→BUS，BUS→R0
S6	IN→BUS，BUS→R0
S7	R0→BUS，BUS→OUT
S8	空操作
S9	PC→AR，PC＋1
S10	MEM→BUS，BUS→PC

3. 实验内容

（1）分析每个状态所需的控制信号，并汇总成表 3.13，控制信号由左至右依次为：WR、RD、IOM、S3、S2、S1、S0、LDA、LDB、LOAD、LDAR、LDIR、ALU_B、R0_B、LDR0、PC_B、LDPC。

表 3.13　　控 制 信 号 表

状　　态	控 制 信 号
S0	00000000010011010
S1	00000000011011001

续表

状　态	控 制 信 号
S2	0100000001011101 0
S3	00000001010010010
S4	00000000110010010
S5	00010010010001110
S6	01100000010011110
S7	10100000010010010
S8	00000000010011010
S9	00000000011011001
S10	01000000000011011

（2）用 VHDL 语言设计实现本实验的状态机，在 Quartus II 软件中按照基于 VHDL 的设计流程输入设计并进行编译，然后进行功能和时序仿真以验证电路功能。

（3）参考附录 A 中 EP1C6Q240C8 FPGA 芯片的引脚定义，在 Quartus II 软件中对硬布线控制器的输入输出进行引脚绑定，并重新编译生成包含引脚绑定信息的编程文件，为构建模型机做准备。

4. 实验报告

（1）根据对实验原理的描述，在 Quartus II 软件中输入硬布线控制器的 VHDL 设计文件，并进行编译和仿真。

（2）对比分析微程序控制器和硬布线控制器的构成与工作原理。

3.4 模 型 计 算 机

在前面的实验中，重点讨论计算机中一些关键部件的组成及特性，包括运算器、控制器、存储器等。本节安排了简单模型机设计和复杂模型机设计实验，将重点讨论如何完整地设计一台模型计算机，并观察其运行流程，进一步建立整机的概念，加深对计算机组成及工作原理的理解。

3.4.1 简单模型机设计实验

1. 实验目的

（1）掌握一个简单 CPU 的组成原理；

（2）在掌握部件单元电路的基础上，进一步构造一台基本模型计算机；

（3）为其定义 5 条机器指令，编写相应的微程序并上机调试，建立和掌握整机概念。

2. 实验原理

本实验要实现一个简单的 CPU，并且在此 CPU 的基础上，构建一个简单的模型计算机。CPU 由运算器（ALU）、控制器（微程序控制器 MC 或者硬布线控制器）、通用寄存器（R0）、指令寄存器（IR）、程序计数器（PC）和地址寄存器（AR）组成，如图 3.25 所示。硬布线控制器直接采用逻辑电路执行机器指令，而当采用微程序控制器时，首先向控制存储器写入相应的微指令，使其具备执行机器指令的功能。但是，机器指令一般存放在主存中，CPU 必须和主存挂接后，才有实际的意义，所以还需要在该 CPU 基础上增加一个主存和基本的输入输出部件，从而构成一个简单的模型计算机。

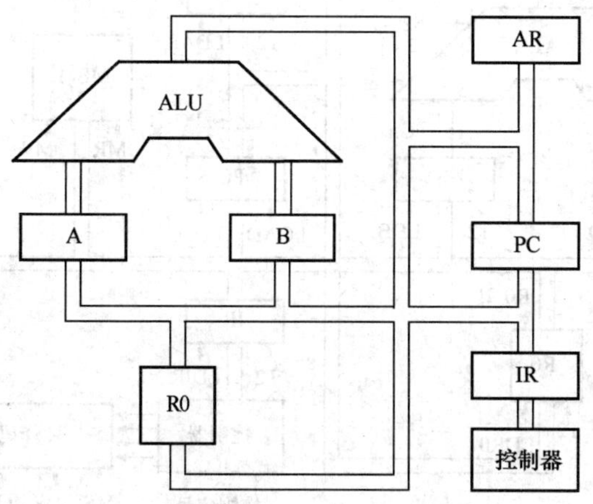

图 3.25 基本 CPU 构成原理

除了程序计数器（PC）以外，其余部件在前面的实验中都已用到，相关用法可参考前面的实验。系统的程序计数器（PC）由两片 74LS161 和一片 74LS245 构成，其原理如图 3.26 所示。其中，PC_B 为三态门的输出使能端，CLR 连接至 CON 单元的总清端 CLR，按下 CLR 按钮，将使 PC 清零，LDPC 和 T2 相与后作为计数器的计数时钟，当 LOAD 为低电平时，计数时钟到来后将 CPU 内总线上的数据打入 PC。

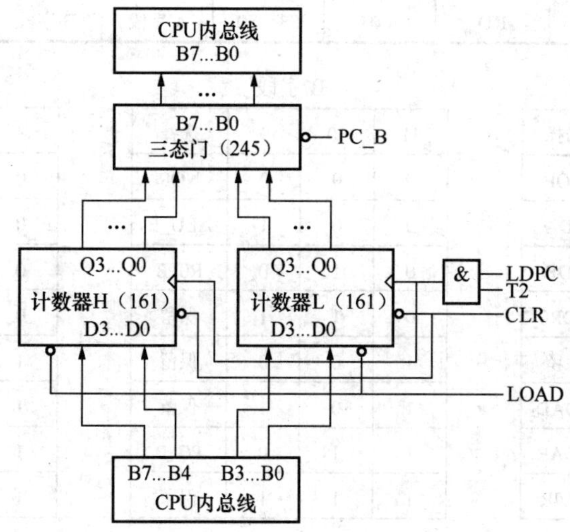

图 3.26 程序计数器原理

该模型机共有 5 条指令：IN（输入）、ADD（二进制加法）、OUT（输出）、JMP（无条件转移）和 HLT（停机），其指令格式如表 3.11 所示。其中，JMP 为双字节指令，其余均为单字节指令，********为 addr 对应的二进制地址码。微程序控制器实验的指令是通过手动给出的，现在要求 CPU 自动从存储器读取指令并执行。根据以上要求设计的数据通路图如图 3.27 所示。

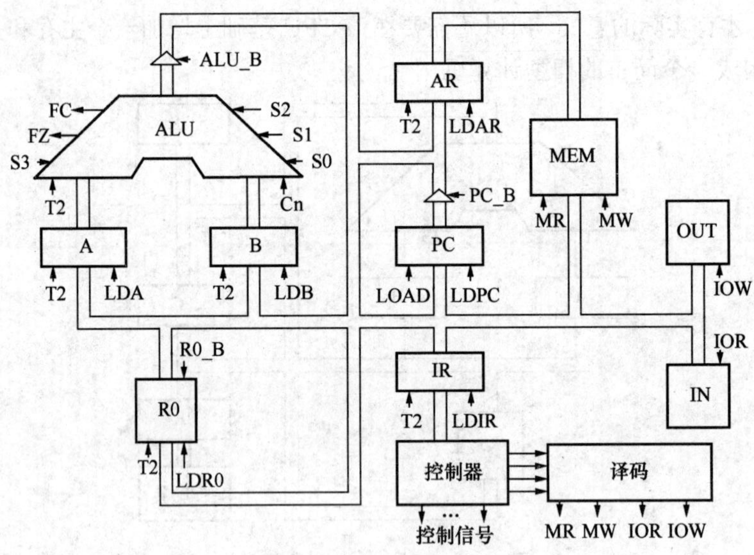

图 3.27　数据通路图

本实验在微控器实验的基础上增加了 3 个部件，即：程序计数器 PC、地址寄存器 AR 和存储器 MEM，因此需要在微指令中增加相应的控制位，其微指令格式如表 3.14 所示。

表 3.14　　　　微 指 令 格 式

23	22	21	20	19	18～15	14～12	11～9	8～6	5～0
M23	M22	WR	RD	IOM	S3～S0	A 字段	B 字段	C 字段	MA5～MA0

A 字段

14	13	12	选择
0	0	0	NOP
0	0	1	LDA
0	1	0	LDB
0	1	1	LDR0
1	0	0	保留
1	0	1	LOAD
1	1	0	LDAR
1	1	1	LDIR

B 字段

11	10	9	选择
0	0	0	NOP
0	0	1	ALU_B
0	1	0	R0_B
0	1	1	保留
1	0	0	保留
1	0	1	保留
1	1	0	PC_B
1	1	1	保留

C 字段

8	7	6	选择
0	0	0	NOP
0	0	1	P<1>
0	1	0	保留
0	1	1	保留
1	0	0	保留
1	0	1	LDPC
1	1	0	保留
1	1	1	保留

系统涉及的微程序流程如图 3.28 所示，当拟订“取指”微指令时，该微指令的判别测试字段为 P<1>测试。指令译码原理如图 3.21 所示，由于“取指”微指令是所有微程序都使用的公用微指令，因此 P<1>的测试结果出现多路分支。本机用指令寄存器的高 6 位（IR7～IR2）作为测试条件，出现 5 路分支，占用 5 个固定的微地址单元，剩下的其他位置就可以一条微指令占用控制存储器一个微地址单元随意分配，微程序流程图上的单元地址为十六进制。

当全部微程序设计完成后，应将每条微指令代码化，表 3.15 是将图 3.28 的微程序流程图按微指令格式转化而成的二进制微代码表。

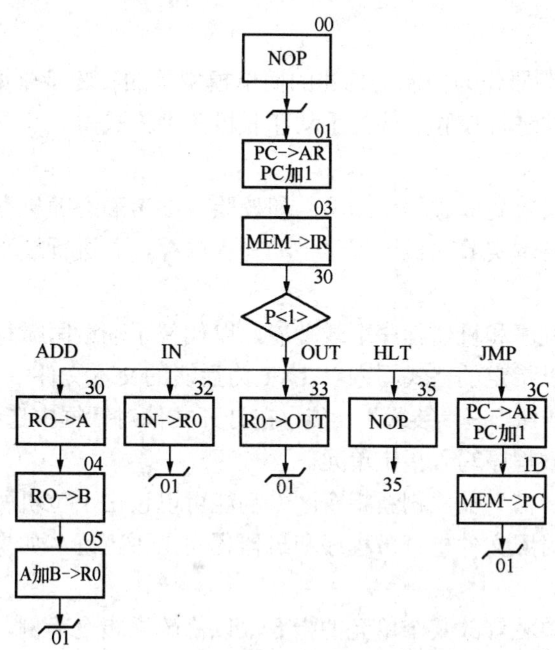

图 3.28　简单模型机微程序流程图

表 3.15　　二进制微代码表

地址	十六进制	高五位	S3～S0	A 字段	B 字段	C 字段	MA5～MA0
00	00 00 01	00000	0000	000	000	000	000001
01	00 6D 43	00000	0000	110	110	101	000011
03	10 70 70	00010	0000	111	000	001	110000
04	00 24 05	00000	0000	010	010	000	000101
05	04 B2 01	00000	1001	011	001	000	000001
1D	10 51 41	00010	0000	101	000	101	000001
30	00 14 04	00000	0000	001	010	000	000100
32	18 30 01	00011	0000	011	000	000	000001
33	28 04 01	00101	0000	000	010	000	000001
35	00 00 35	00000	0000	000	000	000	110101
3C	00 6D 5D	00000	0000	110	110	101	011101

设计一段机器程序，要求从 IN 单元读入一个数据，存于 R0，将 R0 和自身相加，结果存于 R0，再将 R0 的值送回 OUT 单元显示。

根据要求可以得到如下程序，地址和内容均为二进制数。

地　址	内　容	助记符	说　明
00000000	00100000	; START: IN　R0	从 IN 单元读入数据送 R0
00000001	00000000	; ADD R0,R0	R0 和自身相加，结果送 R0
00000010	00110000	; OUT R0	R0 的值送 OUT 单元显示
00000011	11100000	; JMP START	双字节指令，跳转至 00H 地址
00000100	00000000		
00000101	01010000	; HLT	停机

3. 实验内容一

CPU 采用微程序控制器作为控制器构建的简单模型机的实验步骤如下：

（1）写入实验程序并进行校验，分为手动和联机两种方式。

①手动写入和校验。

参考微程序控制器实验完成微程序的写入和校验。参考静态随机存储器实验，画出手动读写存储器的接线图，将本实验的机器程序手动写入内存，并进行校验。

②联机写入和校验。

联机软件提供了微程序和机器程序下载功能，以代替手动读写微程序和机器程序，但是微程序和机器程序必须以指定的格式写入以.TXT 为后缀的文本文件中。

选择联机软件的“转储”→“装载”功能，在打开文件对话框中选择上面所保存的文件，软件自动将机器程序和微程序写入指定单元。

选择联机软件的“转储”→“刷新指令区”功能可以读出下位机所有的机器指令和微指令，并在指令区显示，对照文件检查微程序和机器程序是否正确，如果不正确，则说明写入操作失败，应重新写入。

可以通过联机软件单独修改某个单元的指令，以修改微指令为例，先用鼠标左键单击指令区的“微存”按钮，然后再单击需修改单元的数据，此时该单元变为编辑框，输入 6 位数据并按回车键，编辑框消失，并以红色显示写入的数据。

（2）根据对实验原理的描述给出实线接线图，在断电状态下连接实验电路图，并检查无误。打开电源开关，如果听到有“嘀”报警声，说明有总线竞争现象，应立即关闭电源，重新检查连线或开关情况，直到错误排除。

（3）运行程序。

①本机运行。

将 MC 单元的编程开关置为“运行”挡，MEM 单元的编程开关也置为“运行”挡，按动 CON 单元的总清按钮 CLR，将使程序计数器 PC、地址寄存器 AR 和微程序地址为 00H，程序可以从头开始运行，暂存器 A、B，指令寄存器 IR 和 OUT 单元也会被清零。

将时序单元的状态开关置为“单步”挡，每按动一次 TS 按钮，即可单步运行一条微指令，对照微程序流程图，观察微地址显示灯是否和流程一致。每运行完一条微指令，观测一次数据总线和地址总线，对照数据通路图，分析总线上的数据是否正确。

当模型机执行完 OUT 指令后，检查 OUT 单元显示的数是否为 IN 单元值的 2 倍。按下 CON 单元的总清按钮 CLR，改变 IN 单元的值，再次执行机器程序，从 OUT 单元显示的数判断程序执行是否正确。

②联机运行。

将 MC 单元的编程开关置为“运行”挡，MEM 单元的编程开关也置为“运行”挡，进入软件界面，选择菜单命令“实验”→“简单模型机”，打开简单模型机数据通路图。

按动 CON 单元的总清按钮 CLR，然后通过联机软件运行程序，选择相应的功能，即可联机运行、监控、调试程序，当模型机执行完 OUT 指令后，检查 OUT 单元显示的数是否为 IN 单元值的 2 倍。在数据通路图和微程序流程图中观测指令的执行过程，并观测软件界面中地址总线、数据总线以及微指令显示和下位机是否一致。

4. 实验内容二

除了采用微程序控制器作为简单模型机的控制器以外，还可以采用硬布线控制器。因此，本实验还可以在其他部件不变的情况下，使用前面设计的硬布线控制器作为控制器构建简单模型机，而且模型机的数据通路图和机器指令都可以不变。

（1）根据对硬布线控制器实验原理和简单模型机实验原理的描述，画出简单模型机的FPGA 外围电路接线图，然后在断电状态下连接实验电路，并检查无误。打开电源开关，如果听到有“嘀”报警声，说明有总线竞争现象，应立即关闭电源，重新检查连线或开关情况，直到错误排除。

（2）将硬布线控制器的编程文件下载到 FPGA 芯片中。

（3）进入软件界面，装载机器指令，选择菜单命令“实验”→“简单模型机”，打开简单模型机数据通路图，如图 3.27 所示。按动 CON 单元的总清按钮 CLR，使程序计数器 PC 地址清零，控制器状态机回到 S0，程序从头开始运行，选择相应的功能命令，即可联机运行、监控、调试程序。

（4）当模型机执行完 OUT 指令后，检查 OUT 单元显示的数是否为 IN 单元值的 2 倍。按下 CON 单元的总清按钮 CLR，改变 IN 单元的值，再次执行机器程序，从 OUT 单元显示的数判断程序执行是否正确。

5. 实验报告

（1）用文字描述或画图方式给出微控器的写入和校验电路、主存的写入和校验电路、以微程序控制器为控制器和以硬布线控制器为控制器的简单模型机实验接线图。

（2）利用 5 条机器指令编写程序，在两种形式的简单模型机上运行，并观察程序的执行过程和结果。

（3）说明微程序控制器和硬布线控制器构建的模型机的指令系统扩展方法，并扩展模型机的指令集，然后应用扩展后的指令集编写程序验证其功能。

（4）对比分析微程序控制器和硬布线控制器，并说明各自的优缺点。

3.4.2　复杂模型机设计实验一

一、实验目的

（1）综合运用所学计算机组成原理知识，设计并实现较为完整的计算机；

（2）加深对计算机各组成部件之间的相互关系以及指令系统设计方法的理解。

二、实验原理

下面首先给出模型计算机的数据格式及指令系统。

1. 数据格式

模型机规定采用定点补码表示法表示数据，字长为 8 位，8 位全用来表示数据（最高位不表示符号），数值表示范围是：$0 \leqslant X \leqslant 2^8-1$。

2. 指令设计

模型机设计 3 大类指令共 15 条，其中包括运算类指令、控制转移类指令和数据传送类指令。

（1）运算类指令包含 3 种运算：算术运算、逻辑运算和移位运算，有 ADD、AND、INC、SUB、OR、RR 共 6 条指令，所有运算类指令均为单字节，寻址方式采用寄存器直接寻址。

（2）控制转移类指令有 HLT、JMP、BZC 3 条，用于控制程序的分支和转移，其中 HLT

为单字节指令，JMP 和 BZC 为双字节指令。

（3）数据传送类指令有 IN、OUT、MOV、LDI、LAD、STA 共 6 条，用于完成寄存器和寄存器、寄存器和 I/O、寄存器和存储器之间的数据交换，除 MOV 指令为单字节指令外，其余均为双字节指令。

3. 指令格式

所有单字节指令 ADD、AND、INC、SUB、OR、RR、HLT 和 MOV 具有相同的指令格式，如下所示：

7654	32	10
OP-CODE	RS	RD

其中，4 位 OP-CODE 为操作码，2 位 RS 为源寄存器，2 位 RD 为目的寄存器，并规定：

RS 或 RD	选定的寄存器
00	R0
01	R1
10	R2
11	R3

IN 和 OUT 的指令格式为：

7654（1）	32（1）	10（1）	7～0（2）
OP-CODE	RS	RD	P

其中括号中的 1 表示指令的第一字节，2 表示指令的第二字节，OP-CODE 为操作码，RS 为源寄存器，RD 为目的寄存器，P 为 I/O 端口号，占用一个字节，系统的 I/O 地址译码原理如图 3.29 所示，位于地址总线单元中。

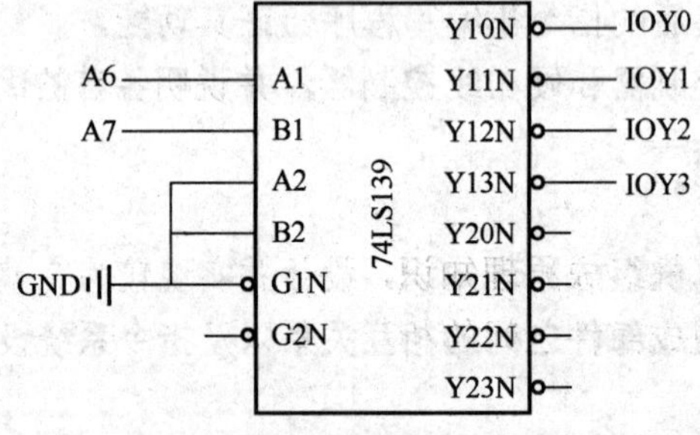

图 3.29 I/O 地址译码原理图

由于使用地址总线的高两位进行译码，因此 I/O 地址空间被分为 4 个区，如表 3.16 所示。

表 3.16 I/O 地址空间分配

A7A6	选定	地址空间
00	IOY0	00～3F
01	IOY1	40～7F
10	IOY2	80～BF
11	IOY3	C0～FF

系统设计 5 种数据寻址方式，即立即、直接、间接、变址和相对寻址。其中，LDI 指令

为立即寻址，LAD、STA、JMP 和 BZC 指令均具备直接、间接、变址和相对寻址能力。

LDI 的指令格式如下，第一字节同 IN 指令一样，第二字节为立即数。

7654（1）	32（1）	10（1）	7~0（2）
OP-CODE	RS	RD	data

LAD、STA、JMP 和 BZC 指令格式如下：

7654（1）	32（1）	10（1）	7~0（2）
OP-CODE	M	RD	D

其中 M 为寻址模式，具体如表 3.17 所示，以 R2 作为变址寄存器 RI。

表 3.17　寻址方式

寻址模式 M	有效地址 E	说　明
00	E=D	直接寻址
01	E=（D）	间接寻址
10	E=（RI）+D	RI 变址寻址
11	E=（PC）+D	相对寻址

4. 指令系统

本模型机共设计有 15 条基本指令，指令的格式、汇编符号及其指令功能如表 3.18 所示。

表 3.18　指令描述

助记符号	指令格式	指令功能
MOV RD, RS	0100 | RS | RD	RS→RD
ADD RD, RS	0000 | RS | RD	RD+RS→RD
SUB RD, RS	1000 | RS | RD	RD−RS→RD
AND RD, RS	0001 | RS | RD	RD∧RS→RD
OR RD, RS	1001 | RS | RD	RD∨RS→RD
RR RD, RS	1010 | RS | RD	RS 右环移→RD
INC RD	0111 | ** | RD	RD+1→RD
LAD M D, RD	1100 | M | RD | D	E→RD
STA M D, RS	1101 | M | RD | D	RD→E
JMP M D	1110 | M | ** | D	E→PC
BZC M D	1111 | M | ** | D	当 FC 或 FZ=1 时，E→PC
IN RD, P	0010 | ** | RD | P	［P］→RD
OUT P, RS	0011 | RS | ** | P	RS→［P］
LDI RD, D	0110 | ** | RD | D	D→RD
HALT	0101 | ** | **	停机

本模型机的数据通路框图如图 3.30 所示。

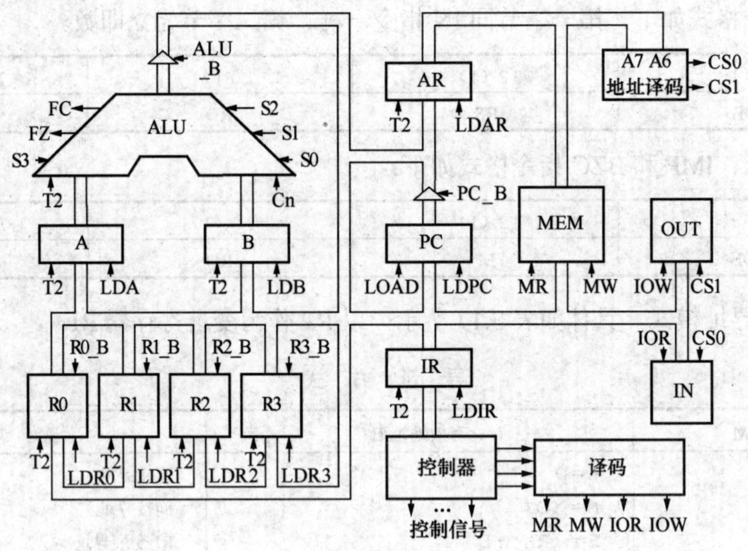

图 3.30 数据通路框图

和前面的实验相比，复杂模型机实验的指令和寻址方式比较多，只用一种测试已不能满足设计要求，为此指令译码电路需要重新设计，在 IR 单元的 INS_DEC 中实现，如图 3.31 所示。

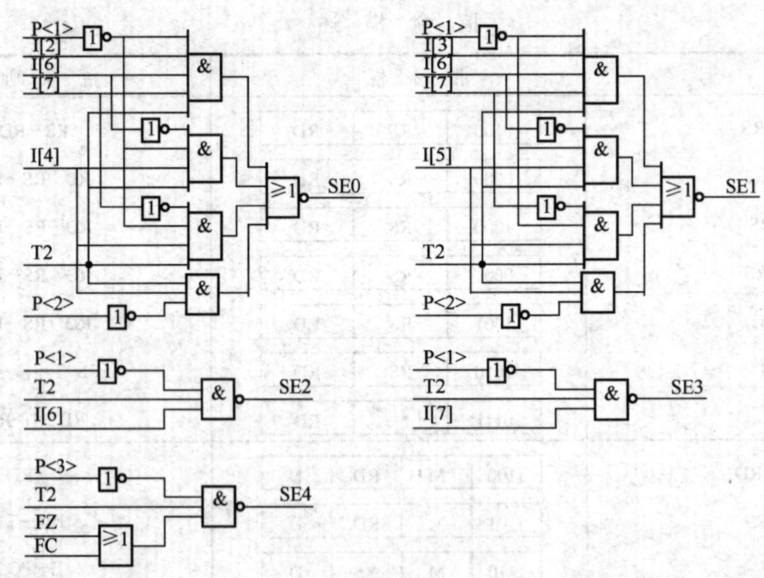

图 3.31 指令译码原理

本实验需要使用 4 个通用寄存器 R3～R0，而对寄存器的选择是通过指令的低四位，为此还需设计一个寄存器译码电路，在 IR 单元的 REG_DEC（GAL16V8）中实现，如图 3.32 所示。

根据机器指令系统要求，每条机器指令都需要一段微程序来实现，因此设计微程序流程图以及确定微地址如图 3.33 所示。

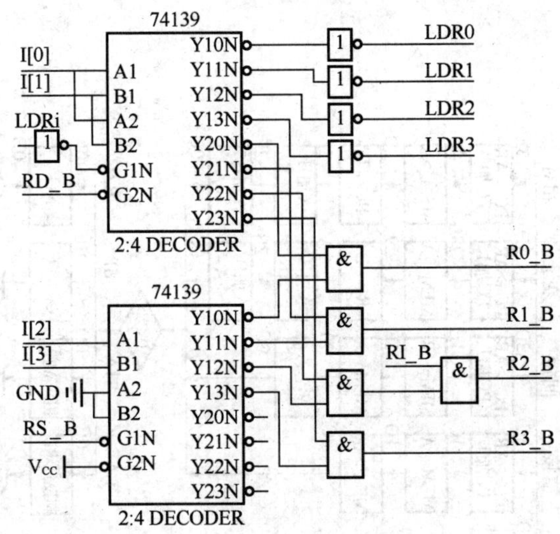

图 3.32　寄存器译码原理图

按照系统建议的表 3.19 所示的微指令格式，参照图 3.33 所示的微程序流程图，将每条微指令代码化，译成二进制代码表，并将二进制代码表转换为联机操作时的十六进制文件，即可实现该微程序控制器。

表 3.19　　微 指 令 格 式

23	22	21	20	19	18～15	14～12	11～9	8～6	5～0
M23	M22	WR	RD	IOM	S3～S0	A 字段	B 字段	C 字段	MA5～MA0

A 字段

14	13	12	选择
0	0	0	NOP
0	0	1	LDA
0	1	0	LDB
0	1	1	LDRi
1	0	0	保留
1	0	1	LOAD
1	1	0	LDAR
1	1	1	LDIR

B 字段

11	10	9	选择
0	0	0	NOP
0	0	1	ALU_B
0	1	0	RS_B
0	1	1	RD_B
1	0	0	RI_B
1	0	1	保留
1	1	0	RC_B
1	1	1	保留

C 字段

8	7	6	选择
0	0	0	NOP
0	0	1	P<1>
0	1	0	P<2>
0	1	1	P<3>
1	0	0	保留
1	0	1	LDPC
1	1	0	保留
1	1	1	保留

根据现有指令，在模型机上实现以下运算：从 IN 单元读入一个数据，根据读入数据的低 4 位值 X，求 $1+2+\cdots+X$ 的累加和，01H 到 0FH 共 15 个数据存于 60H 到 6EH 单元。

三、实验内容

（1）根据对实验原理的描述，给出实验接线图，并检查无误。

（2）根据微程序流程图和微指令格式，将每条微指令代码化，译成二进制代码表，并将二进制代码表转换为联机操作时的十六进制写入.TXT 文件。

（3）根据现有指令系统，写出累加和的机器程序，给出助记符和注释，并将其写入.TXT 文件。

NOP
PC->AR PC加1
MEM->IR
P<1>
ADD
AND
IN
OUT
MOV
HLT
LDI
INC
SUB
OR
RR
保留
操作数准备
直接
间接
变址
相对
RD->A
RS->B
A加B ->RD
A与B ->RD
MEM->AR
IO->RD
RS->IO
RS->RD
MEM->AD
A加1 ->RD
A减B ->RD
A或B ->RD
A右环移 ->RD
MEM->A
RI->B
PC->B
A加B ->AR
A加B ->A
P<2>
LAD
STA
JMP
BZC
MEM->RD
RD->MEM
A->PC
P<3>
Y
N

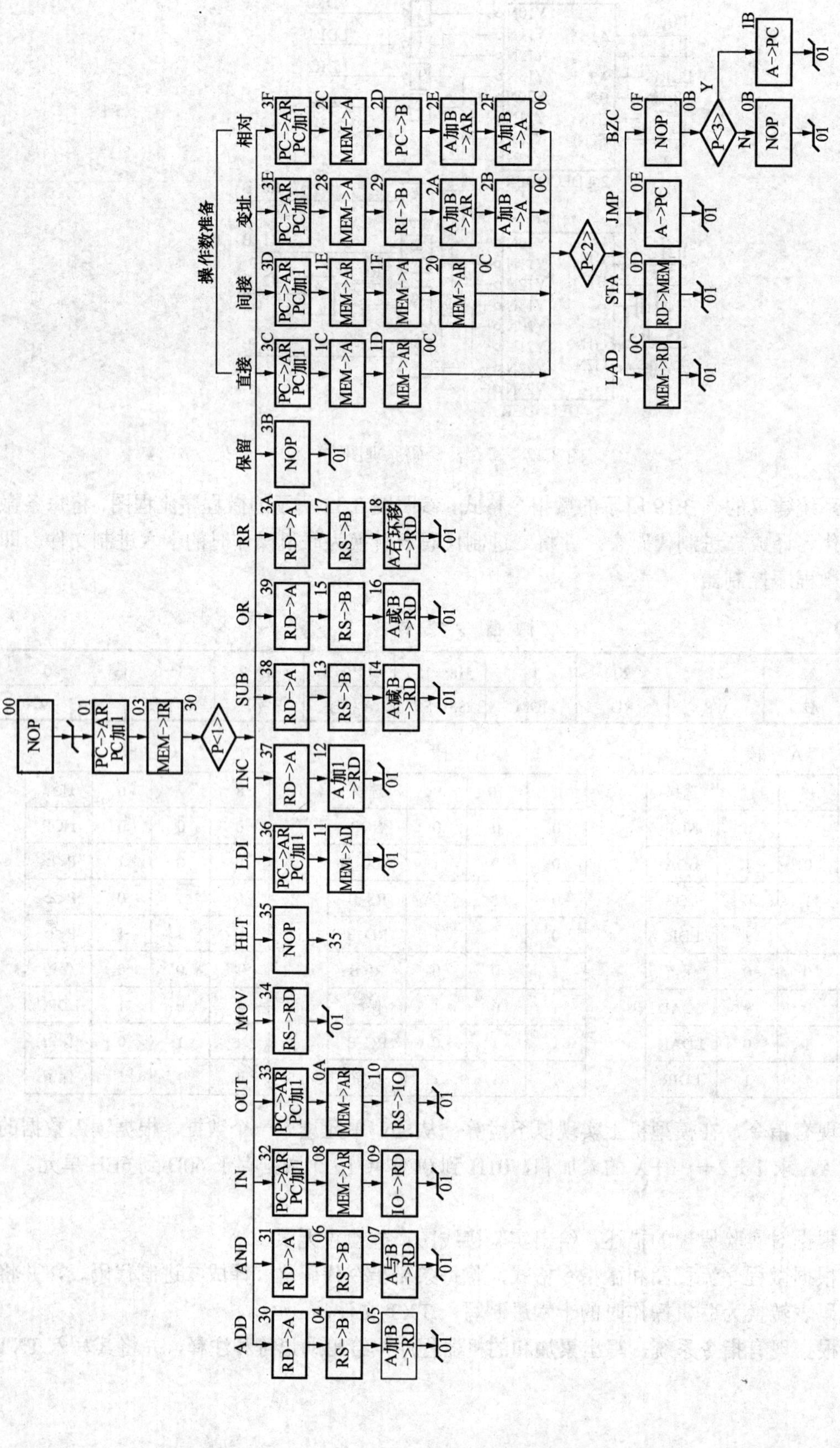

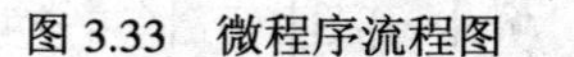

图 3.33 微程序流程图

（4）写入实验程序并进行校验，分为手动和联机两种方式。

①手动写入和校验。

参考微程序控制器实验完成微程序的写入和校验。

参考静态随机存储器实验，将本实验的机器程序手动写入内存，并进行校验。

②联机写入和校验。

利用联机软件提供的微程序和机器程序下载功能，即选择联机软件的“转储”→“装载”功能，将其下载到指定存储器的指定单元中。

选择联机软件的“转储”→“刷新指令区”功能可以读出下位机所有的机器指令和微指令，并在指令区进行显示，对照文件检查微程序和机器程序是否正确，如果不正确，则说明写入操作失败，应重新写入或者直接在指令区修改微指令或者机器指令。

（5）运行程序。

①本机运行。

将 MC 单元的编程开关置为“运行”挡，MEM 单元的编程开关也置为“运行”挡，按动 CON 单元的总清按钮 CLR，将使程序计数器 PC、地址寄存器 AR 和微程序地址为 00H，程序可以从头开始运行，暂存器 A、B，指令寄存器 IR 和 OUT 单元也会被清零。

将时序单元的状态开关置为“单步”挡，每按动一次 TS 按钮，即可单步运行一条微指令，对照微程序流程图，观察微地址显示灯是否和流程一致。每运行完一条微指令，观测一次数据总线和地址总线，对照数据通路图，分析总线上的数据是否正确。

当模型机执行完 OUT 指令后，检查 OUT 单元显示的数是否正确。按下 CON 单元的总清按钮 CLR，改变 IN 单元的值，再次执行机器程序，从 OUT 单元显示的数判断程序执行是否正确。

②联机运行。

进入软件界面，选择菜单命令“实验”→“综合性实验”，打开综合性实验数据通路图，选择相应的功能命令，即可联机运行、监控、调试程序。

按动 CON 单元的总清按钮 CLR，然后通过软件界面运行程序，当模型机执行完 OUT 指令后，检查 OUT 单元显示的数是否正确。在数据通路图和微程序流程图中观测指令的执行过程，并观测软件界面中地址总线、数据总线以及微指令显示和下位机是否一致。

（6）根据对实验原理的描述，扩展复杂模型机的数据格式、指令系统等，并编写相应的机器指令程序加以验证。

四、实验报告

（1）用文字描述或画图方式给出复杂模型机的接线图。

（2）观察机器程序在微程序控制器构建的复杂模型机上的执行过程，并将其保存在文件中，进一步加深对计算机组成结构及执行过程的理解。

（3）简要说明如何扩展该模型机的数据格式和指令系统。

3.4.3 复杂模型机设计实验二

1. 实验目的

（1）综合运用所学的计算机组成原理知识，设计并实现较为完整的计算机；

（2）加深对计算机各组成部件之间的相互关系以及指令系统设计方法的理解；

（3）熟悉 Quartus II 软件的使用及 FPGA 应用设计。

2. 实验原理

参考“复杂模型机设计实验一”对实验原理的描述，采用相同的数据格式和指令系统设计复杂模型机。

3. 实验内容一

（1）根据复杂模型机设计实验一对指令译码原理的描述，在 Quartus II 软件中使用原理图方式输入 IR 单元电路，并进行编译和仿真验证。

（2）参考附录 A 中 EP1C6Q240 FPGA 芯片的引脚定义信息，在 Quartus II 软件中对 IR 单元的输入输出进行引脚绑定，并重新编译生成包含引脚绑定信息的编程文件。

（3）参考复杂模型机设计实验一的接线图，使用 FPGA 芯片中的 IR 单元逻辑替代实验箱上的 IR 单元，给出该复杂模型机的实验接线图。然后关闭实验系统电源，连接电路并检查无误。

（4）打开实验系统电源，将 Quartus II 软件生成的 pof 或 sof 格式的编程文件采用 AS 或 JTAG 模式对 EP1C6Q240C8 FPGA 芯片编程。

（5）使用复杂模型机设计实验一的微程序和机器程序，将其分别写入控制存储器和内存，并进行校验。

（6）参考复杂模型机设计实验一中的描述，分别实现本机运行和联机运行两种方式，并判断程序的正确性。注意：联机软件运行时需要的监测信号与 IR 单元的 B0～B7 和 LDRI 引脚有关，因此在联机运行方式下需要将上述信号引入。

4. 实验内容二

（1）根据运算器实验对 ALU 单元的描述，在 Quartus II 软件中使用 VHDL 和原理图相结合的方式输入 ALU 单元电路，并将上面实现的 IR 单元作为元件调入，构成 ALUIR 单元电路，然后进行编译和仿真验证。

（2）参考附录 A 中 EP1C6Q240 FPGA 芯片的引脚定义信息，在 Quartus II 软件中对 ALUIR 单元的输入输出进行引脚绑定，并重新编译生成包含引脚绑定信息的编程文件。

（3）参考复杂模型机设计实验一的接线图，使用 FPGA 芯片中的 ALUIR 单元逻辑替代实验箱上的 IR 单元和 ALU 单元，给出该复杂模型机的实验接线图。然后，关闭实验系统电源，连接电路并检查无误。

（4）打开实验系统电源，将 Quartus II 软件生成的 pof 或 sof 格式的编程文件采用 AS 或 JTAG 模式对 EP1C6Q240C8 FPGA 芯片编程。

（5）使用复杂模型机设计实验一的微程序和机器程序，将其分别写入控制存储器和内存，并进行校验，分为手动写入和联机写入两种方式。

（6）参考复杂模型机设计实验一中的描述，分别实现本机运行和联机运行两种方式，并判断程序的正确性。注意：联机软件运行时需要的监测信号与 IR 单元的 B0～B7 和 LDRI 引脚有关，因此在联机运行方式下需要将上述信号引入。

*（7）采用 VHDL 语言设计硬布线控制器以实现该实验中的微程序控制器的功能，并在 Quartus II 软件中输入设计、编译、仿真验证，然后使用编译后的 pof 或 sof 文件对 FPGA 芯片编程，参考复杂模型机设计实验一的实验接线图构建复杂模型机，最后利用该实验中的机器程序加以验证。

5. 实验报告

（1）根据对相关实验原理的描述，在 Quartus II 软件中实现 IR 单元并给出复杂模型机接线图。

（2）根据对相关实验原理的描述，在 Quartus II 软件中实现 ALUIT 单元并给出复杂模型机接线图。

（3）使用复杂模型机设计实验一中的微程序和机器程序，分别观察上面两种情况下的复杂模型机的运行过程，并将其存储在文件中。

（4）简要说明硬布线控制器与微程序控制器在设计方法和运行等方面的异同点。

3.5　输入输出扩展模型计算机

计算机的输入输出系统也称为 I/O 系统，包括外围设备、设备控制器、I/O 接口以及一些专门为输入输出操作而设计的软件和硬件。

本章在前面模型机的基础上，对 I/O 接口进行扩展，丰富模型机的功能。为此安排了两个实验：带中断处理能力的模型机设计实验和典型 I/O 接口 8253 扩展实验。

3.5.1　带中断处理能力的模型机设计实验

1. 实验目的

（1）掌握中断原理及其响应流程；

（2）了解 8259A 中断控制器的原理及其应用编程。

2. 实验原理

中断是用以提高计算机工作效率、增强计算机功能的一项重要技术，中断系统已经成为计算机系统的一个极其重要的组成部分。

Intel 8259A 是一种可编程中断控制器，是为管理 Intel 8080/8085 和 Intel 8086/8088 CPU 的可屏蔽中断而设计的，后来又被用于 Intel 80286 CPU。在高档 PC 系列机中，它的逻辑被集成到多功能接口芯片中。

8259A 是 28 个引脚的双列直插式芯片，其引脚分配如图 3.34 所示，引脚说明如表 3.20 所示。

引脚	序号	8259	序号	引脚
$\overline{CS}$	1		28	V_{CC}
$\overline{WR}$	2		27	A0
$\overline{RD}$	3		26	$\overline{INTA}$
D7	4		25	IR7
D6	5		24	IR6
D5	6		23	IR5
D4	7		22	IR4
D3	8		21	IR3
D2	9		20	IR2
D1	10		19	IR1
D0	11		18	IR0
CAS0	12		17	INT
CAS1	13		16	$\overline{SP}/\overline{EN}$
GND	14		15	CAS2

图 3.34　8259 芯片引脚

表 3.20 **8259 芯片引脚说明**

引脚	说明
D7～D0	双向三态数据线，可与系统总线直接相连
IR0～IR7	中断请求输入线，接收来自外部的中断请求
$\overline{CS}$	片选信号线，低电平有效
A0	用来选择芯片内部不同的寄存器，通常接至地址总线的 A0
$\overline{RD}$	读信号线，低电平有效，有效时控制信息从 8259A 读至 CPU
$\overline{WR}$	写信号线，低电平有效，有效时控制信息从 CPU 写入 8259A
$\overline{INTA}$	中断响应输入线，接收 CPU 在中断响应周期中发来的中断响应信号
INT	送至 CPU 的中断请求输出线，高电平有效
$\overline{SP}/\overline{EN}$	从片编程/允许缓冲器信号
CAS2～CAS0	级联信号线

其中，$\overline{CS}$、A0、$\overline{RD}$、$\overline{WR}$、D4、D3 位的电平与 8259A 操作的关系如表 3.21 所示。

表 3.21 **8259A 的读/写操作**

A0	D4	D3	$\overline{RD}$	$\overline{WR}$	$\overline{CS}$	操作
						输入操作（读）
0			0	1	0	IRR、ISR 或中断级别→数据总线
1			0	1	0	IMR 数据总线
						输出操作（写）
0	0	0	1	0	0	数据总线→OCW2
0	0	1	1	0	0	数据总线→OCW3
0	1	X	1	0	0	数据总线→OCW1
1	X	X	1	0	0	数据总线→ICW1，ICW2，ICW3，ICW4
						断开功能
X	X	X	1	1	0	数据总线→三态（无操作）
X	X	X	X	X	1	数据总线→三态（无操作）

通过把初始化命令字 ICW1～ICW4 写入相应的初始化命令寄存器可实现对 8259A 的初始化。对 8259A 内部的寄存器操作通过端口进行，一片 8259A 占用两个端口地址，用端口选择线 A0 来选择，A0 一般接地址总线的最低位 A0，因此一片 8259A 占用的两个地址是连续的。

（1）ICW1 用来设置中断请求的触发方式、是否级联、初始化过程中用不用 ICW4 等，其格式和含义如图 3.35 所示。

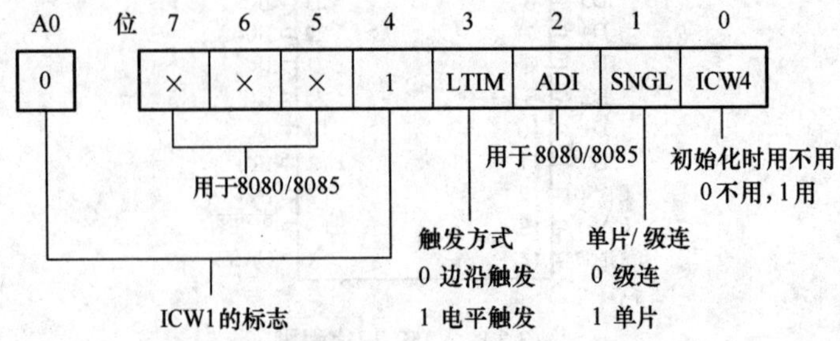

图 3.35 8259A 的 ICW1

（2）ICW2 用来设置中断向量，用于 8086/8088 系统时，该命令字的格式和含义如图 3.36 所示。同一片 8259A 的 8 级中断的中断向量的高 5 位是相同的，低 3 位是对应 IR 线的编码（000～111）。

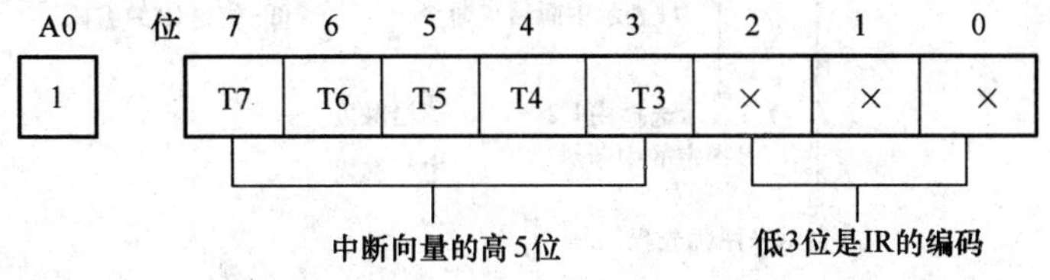

图 3.36　8259A 的 ICW2

（3）ICW3 仅在级连时才使用，由于该实验只使用一片，故这里不作介绍。ICW4 的功能较多，用来设置是否为特殊全嵌套方式、是否为缓冲器方式、是否为自动中断结束方式、是否为 8086/8088 系统等，其格式和含义如图 3.37 所示。

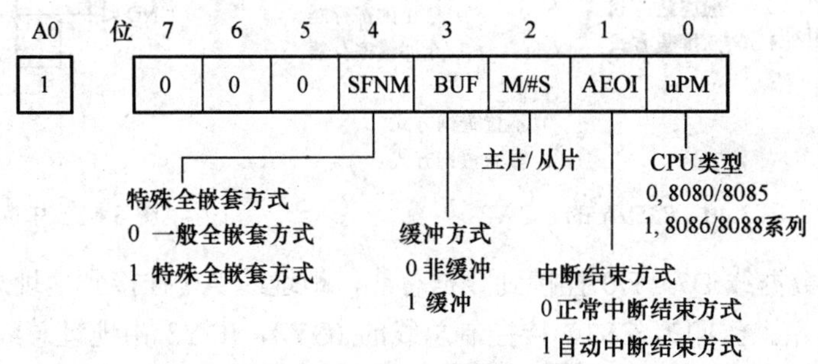

图 3.37　8259A 的 ICW4

8259A 初始化以后进入工作状态，准备接收 IR 端的中断请求。此后，可通过操作命令字改变它某方面的操作方式或指示它进行某种操作。

（1）OCW1 用来进行屏蔽操作，直接将中断屏蔽寄存器 IMR 的相应位置位或复位，其格式和含义如图 3.38 所示。

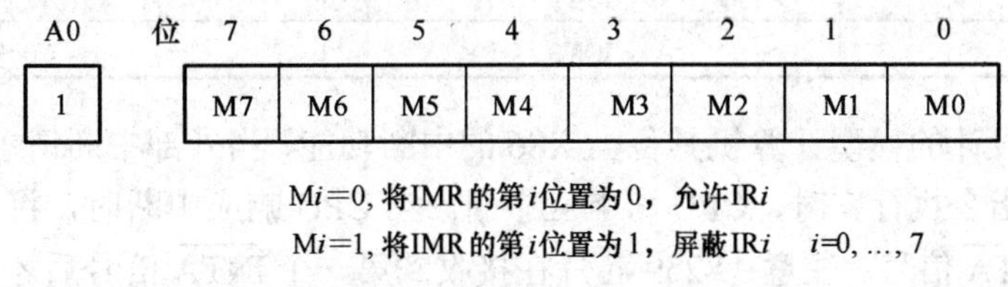

图 3.38　8259A 的 OCW1

（2）OCW2 用来设置中断结束方式和优先级循环方式，其格式和含义如图 3.39 所示。

（3）OCW3 用来设置中断屏蔽方式、设置 8259A 为查询方式和规定要读出的寄存器，其格式和含义如图 3.40 所示。

CPU 必须有一个中断使能寄存器，并且可以通过指令对该寄存器进行操作，其原理如图 3.41 所示。CPU 开中断指令 STI 对其置 1，CPU 关中断指令 CLI 对其置 0。

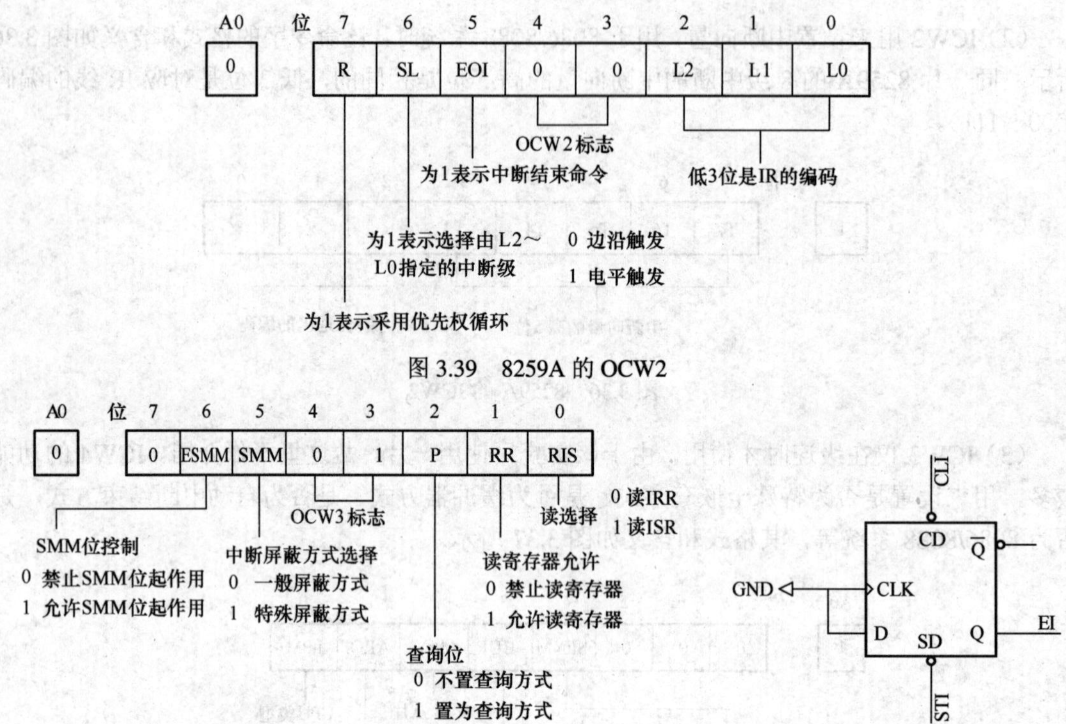

图 3.39 8259A 的 OCW2

图 3.40 8259A 的 OCW3

图 3.41 中断使能寄存器原理

8259 芯片的数据线 D7～D0 挂接到数据总线，地址线 A0 挂接到地址总线的 A0 上，片选信号 $\overline{CS}$（实验箱上丝印为 CS3）接控制总线的 IOY3，IOY3 由地址总线的高 2 位译码产生，其地址分配如表 3.22 所示；$\overline{RD}$、$\overline{WR}$（实验箱上丝印为 IOR 和 IOW）接 CPU 给出的读写信号，8259 和系统的连接如图 3.42 所示。

表 3.22 **I/O 地址空间分配**

A7A6	选 定	地 址 空 间
00	IOY0	00～3F
01	IOY1	40～7F
10	IOY2	80～BF
11	IOY3	C0～FF

本实验要求设计的模型计算机具备类 X86 的中断功能，当外部中断请求有效、CPU 允许中断，且在一条指令执行完时，CPU 将响应中断。当 CPU 响应中断时，将会向 8259 芯片发送两个连续的 $\overline{INTA}$ 信号。注意：8259 芯片在接收到第一个 $\overline{INTA}$ 信号后才会锁住向 CPU 的中断请求信号 INTR（高电平有效），并且在第二个 $\overline{INTA}$ 信号到达后将其变为低电平（自动 EOI 方式）。所以，中断请求信号 IR0 应该维持一段时间，直到 CPU 送出第一个 $\overline{INTA}$ 信号，这才是一个有效的中断请求。8259 芯片在收到第二个 $\overline{INTA}$ 信号后，就会将中断向量号发送到数据总线上，CPU 读取中断向量号，并转入相应的中断处理程序中。

本系统的指令译码电路在 IR 单元的 INS_DEC（GAL20V8）中实现，如图 3.43 所示。和前面复杂模型机实验指令译码电路相比，主要增加了对中断的支持，若 INTR（有中断请求）和 EI（CPU 允许中断）均为 1，且 P<4>测试有效，那么在 T2 节拍时，微程序就会产生中断响应分支，从而使得 CPU 能响应中断。

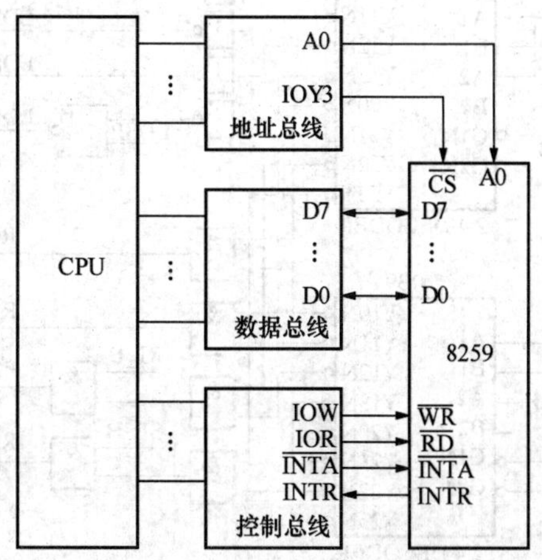

图 3.42　8259 和 CPU 挂接

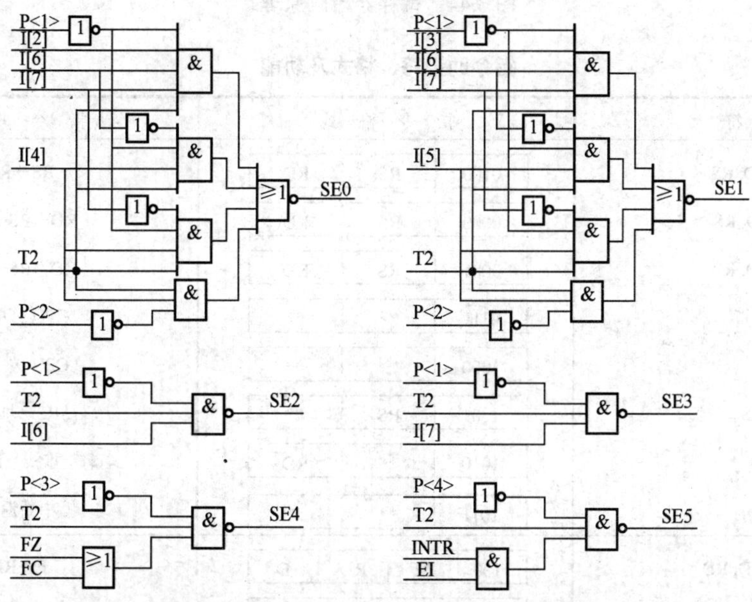

图 3.43　指令译码原理

在中断过程中需要有现场保护，而且在编程的过程中也需要一些压栈或弹栈操作，所以还需设置一个堆栈，由 R3 寄存器做堆栈指针。系统的寄存器译码电路如图 3.44 所示，在 IR 单元的 REG_DEC（GAL16V8）中实现，和前面复杂模型机实验的寄存器译码电路相比，增加了一个或门和一个与门，用以支持堆栈操作。

本模型机共设计 16 条指令，表 3.23 列出了基本指令的格式、助记符及其功能。其中，D 为立即数，P 为外设的端口地址，RS 为源寄存器，RD 为目的寄存器，并规定如下：

RS 或 RD	选定的寄存器
00	R0
01	R1
10	R2
11	R3

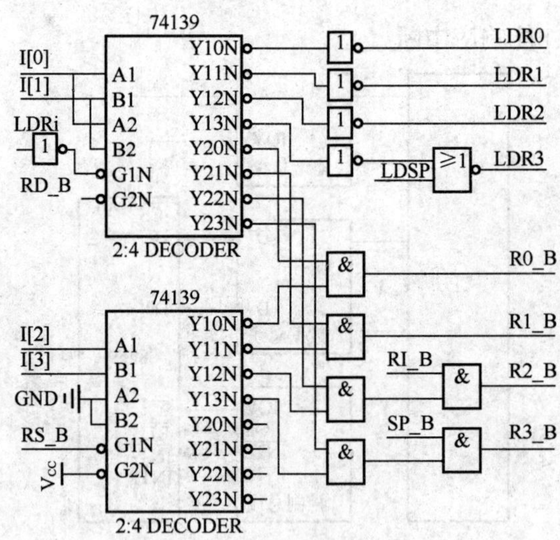

图 3.44 寄存器译码原理

表 3.23 **指令助记符、格式及功能**

助记符号	指令格式	指令功能
MOV RD, RS	0100 RS RD	RS→RD
ADD RD, RS	0000 RS RD	RD＋RS→RD
AND RD, RS	0001 RS RD	RD∧RS→RD
STI	0111 ** **	CPU 开中断
CLI	1000 ** **	CPU 关中断
PUSH RS	1001 RS **	RS→堆栈
POP RD	1010 ** RD	堆栈→RD
IRET	1011 ** **	中断返回
LAD M D, RD	1100 M RD D	E→RD
STA M D, RS	1101 M RD D	RD→E
JMP M D	1110 M ** D	E→PC
BZC M D	1111 M ** D	当 FC 或 FZ＝1 时，E→PC
IN RD, P	0010 ** RD P	[P] →RD
OUT P, RS	0011 RS ** P	RS→ [P]
LDI RD, D	0110 ** RD D	D→RD
HALT	0101 ** **	停机

现要求 CPU 自动从存储器读取指令并执行，当检测到外部中断时能够在满足条件的情况下进入中断服务程序。根据以上要求，设计数据通路图如图 3.45 所示。

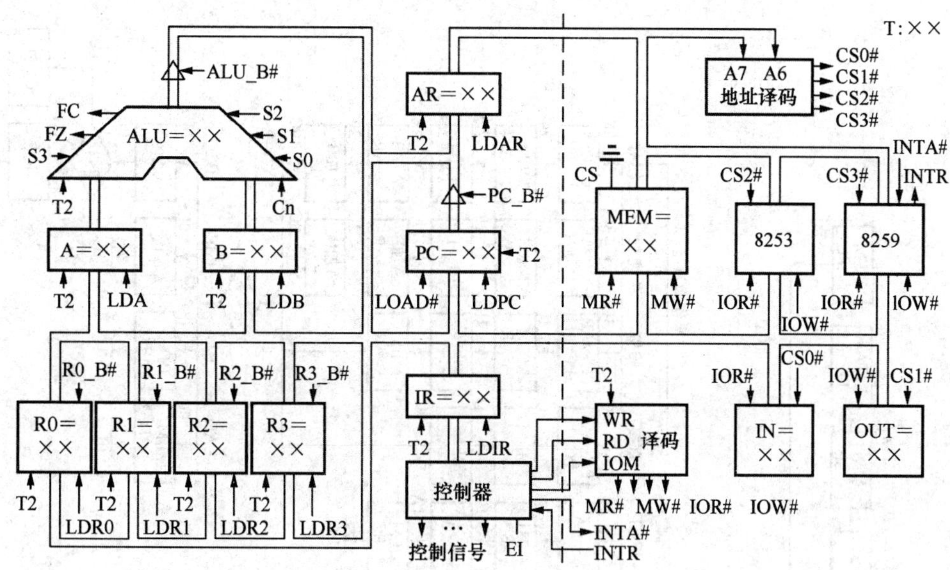

图 3.45　数据通路图

设定如表 3.24 所示的微指令格式。根据指令系统要求，设计微程序流程及确定微地址，并得到微程序流程图，如图 3.46 所示。

表 3.24　　　　**微 指 令 格 式**

23	22	21	20	19	18～15	14～12	11～9	8～6	5～0
M23	$\overline{\text{INTA}}$	WR	RD	IOM	S3～S0	A 字段	B 字段	C 字段	MA5～MA0

A 字段

14	13	12	选择
0	0	0	NOP
0	0	1	LDA
0	1	0	LDB
0	1	1	LDRi
1	0	0	LDSP
1	0	1	LOAD
1	1	0	LDAR
1	1	1	LDIR

B 字段

11	10	9	选择
0	0	0	NOP
0	0	1	ALU_B
0	1	0	RS_B
0	1	1	RD_B
1	0	0	RI_B
1	0	1	SP_B
1	1	0	RC_B
1	1	1	保留

C 字段

8	7	6	选择
0	0	0	NOP
0	0	1	P<1>
0	1	0	P<2>
0	1	1	P<3>
1	0	0	P<4>
1	0	1	LDPC
1	1	0	STI
1	1	1	CLI

参照微程序流程图，将每条微指令代码化，译成二进制微代码表，并将二进制代码表转换为联机操作时的十六进制文件，即可实现该微程序控制器。

本实验要求利用现有指令编写一段机器程序，在模型机上实现以下功能：从 IN 单元读入一个数据 X 存于寄存器 R0，CPU 每响应一次中断，对 R0 中的数据加 1，并输出到 OUT 单元。

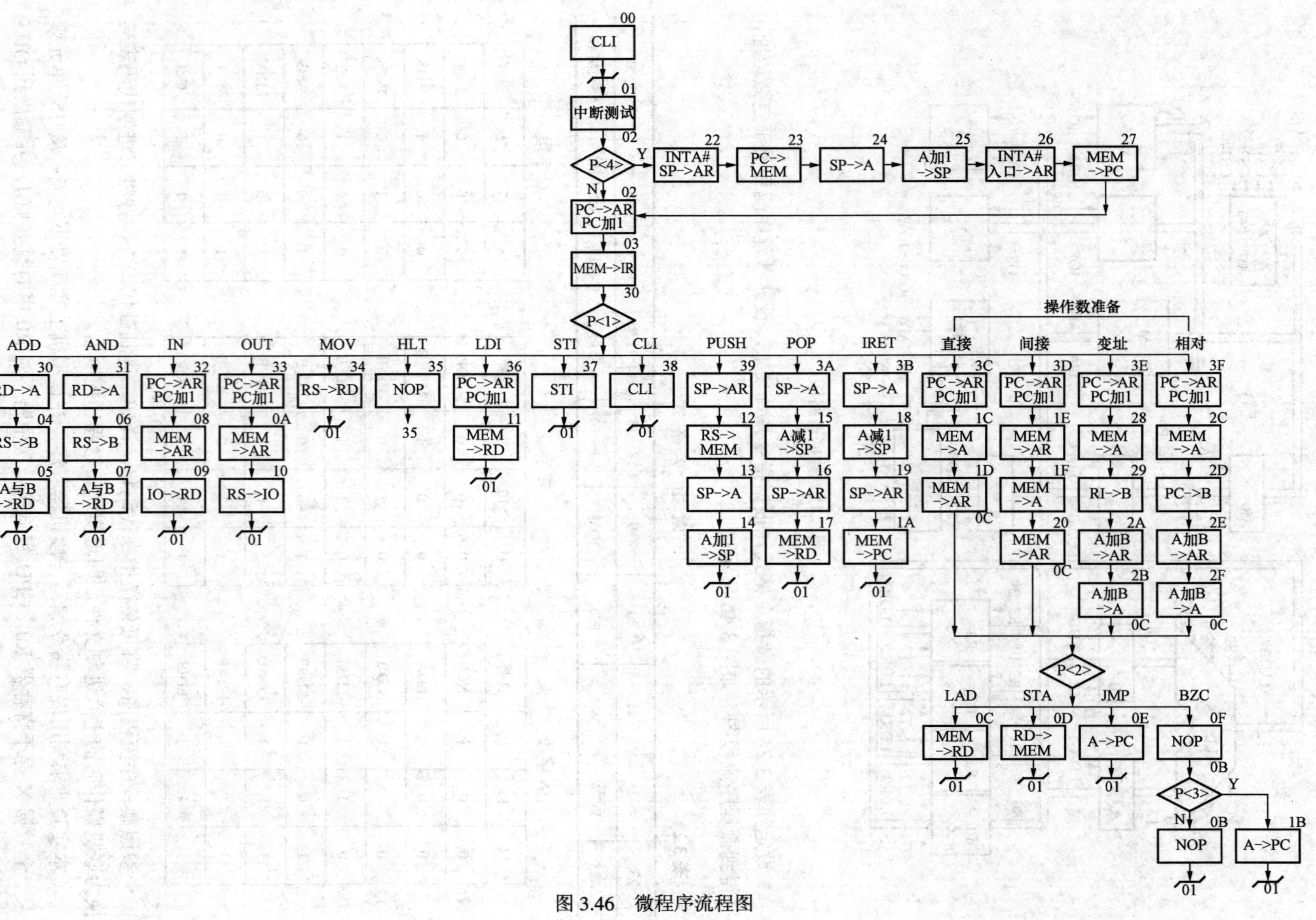
00 CLI
01 中断测试
02 P<4>
Y
N
22 INTA# SP->AR
23 PC-> MEM
24 SP->A
25 A加1 ->SP
26 INTA# 入口->AR
27 MEM ->PC
02 PC->AR PC加1
03 MEM->IR
30 P<1>
ADD 30 RD->A 04 RS->B 05 A与B ->RD 01
AND 31 RD->A 06 RS->B 07 A与B ->RD 01
IN 32 PC->AR PC加1 08 MEM ->AR 09 IO->RD 01
OUT 33 PC->AR PC加1 0A MEM ->AR 10 RS->IO 01
MOV 34 RS->RD 01
HLT 35 NOP 35
LDI 36 PC->AR PC加1 11 MEM ->RD 01
STI 37 STI 01
CLI 38 CLI 01
PUSH 39 SP->AR 12 RS-> MEM 13 SP->A 14 A加1 ->SP 01
POP 3A SP->A 15 A减1 ->SP 16 SP->AR 17 MEM ->RD 01
IRET 3B SP->A 18 A减1 ->SP 19 SP->AR 1A MEM ->PC 01
操作数准备
直接 3C PC->AR PC加1 1C MEM ->A 1D MEM ->AR 0C
间接 3D PC->AR PC加1 1E MEM ->AR 1F MEM ->A 20 MEM ->AR 0C
变址 3E PC->AR PC加1 28 MEM ->A 29 RI->B 2A A加B ->AR 2B A加B ->A 0C
相对 3F PC->AR PC加1 2C MEM ->A 2D PC->B 2E A加B ->AR 2F A加B ->A 0C
P<2>
LAD 0C MEM ->RD 01
STA 0D RD-> MEM 01
JMP 0E A->PC 01
BZC 0F NOP 0B
P<3>
N 0B NOP 01
Y 1B A->PC 01

图 3.46 微程序流程图

3. 实验内容

（1）根据对实验原理的描述，给出实验接线图，连接实验电路并检查无误。

（2）根据微程序流程图和微指令格式，将每条微指令代码化，译成二进制代码表，并将二进制代码表转换为联机操作时的十六进制写入.TXT 文件。

（3）根据现有指令系统，写出主程序和中断服务程序，给出助记符和注释，并将其写入.TXT 文件。

（4）参考前面的实验，采用手动和联机两种方式，将微程序和机器程序分别写入控制存储器和内存，并进行校验。

（5）运行程序。

①本机运行。

将 MC 单元的编程开关置为“运行”挡，MEM 单元的编程开关也置为“运行”挡，按动 CON 单元的总清按钮 CLR，将使程序计数器 PC、地址寄存器 AR 和微程序地址为 00H，程序可以从头开始运行，暂存器 A、B，指令寄存器 IR 和 OUT 单元也会被清零。

将时序单元的状态开关置为“连续”挡，每按动一次 TS 按钮，即可连续运行指令，按动 KK+开关，每按动一次，检查 OUT 单元显示的数是否在原有基础上加 1（第一次是在 IN 单元值的基础上加 1）。

②联机运行。

进入软件界面，选择菜单命令“实验”→“综合性实验”，打开综合性实验数据通路图，选择相应的功能命令，即可联机运行、监控、调试程序。

按动 CON 单元的总清按钮 CLR，然后通过软件界面运行程序，在数据通路图和微程序流程图中观测程序的执行过程。在微程序流程图中观测：选择“单周期”运行程序，当模型机执行完 MOV 指令后，按下 KK+开关，不要松开，可见控制总线 INTR 指示灯亮，继续“单周期”运行程序，直到模型机的 CPU 向 8259_发送完第一个 $\overline{\text{INTA}}$，然后松开 KK+开关，INTR 中断请求被 8259_锁存，CPU 响应中断。仔细分析中断响应时现场保护的过程，中断返回时现场恢复的过程。

每响应一次中断，检查 OUT 单元显示的数是否在原有基础上加 1（第一次是在 IN 单元值的基础上加 1）。

（6）使用复杂模型机设计实验二的 ALUIR 单元电路，重新连接带中断处理的复杂模型机实验电路，并使用本实验的机器程序加以验证。

4. 实验报告

（1）用文字描述或画图方式给出带中断处理的复杂模型机的接线图。

（2）观察主程序和中断服务程序在复杂模型机上的执行过程，并将其保存在文件中，进一步加深对中断响应过程的理解。

3.5.2 典型 I/O 接口 8253 扩展设计实验

1. 实验目的

（1）掌握 CPU 外扩展接口芯片的方法；

（2）了解 8253 定时器/计数器的原理及其应用编程。

2. 实验原理

在计算机内部以及计算机应用系统中往往需要计数和定时功能，为了使用方便，集成电路制造商推出了相应的集成芯片，与 8080/8085、8086/8088 配套使用的是可编程间隔定时器 8253。

8253 为 24 引脚双列直插封装芯片，其引脚分配如图 3.47 所示，引脚说明如表 3.25 所示。

左侧	引脚	8253	引脚	右侧
D7	1		24	Vcc
D6	2		23	$\overline{WR}$
D5	3		22	$\overline{RD}$
D4	4		21	$\overline{CS}$
D3	5		20	A1
D2	6		19	A0
D1	7		18	CLK2
D0	8		17	OUT2
CLK0	9		16	GATE2
OUT0	10		15	CLK1
GATE0	11		14	GATE1
GND	12		13	OUT1

图 3.47 8253 芯片引脚说明

表 3.25 8259 芯片引脚说明

引 脚	说 明
D7～D0	数据线
$\overline{CS}$	片选信号线，低电平有效
A0、A1	用来选择 3 个计数器及控制寄存器
$\overline{RD}$	读信号线，低电平有效，控制 8253 送出数据或状态信息至 CPU
$\overline{WR}$	写信号线，低电平有效，控制把 CPU 输出的数据或命令信号写到 8253
CLK*n*	3 个计数器的时钟信号
GATE*n*	3 个计数器的门控信号
OUT*n*	3 个计数器的输出端

每一个计数器对外有 3 个引脚：CLK、GATE 和 OUT。每个计数器占用一个 I/O 端口地址，加上控制端口，一片 8253 共占用 4 个 I/O 端口地址。8253 设置了两个用于端口寻址的引脚 A1 和 A0，这两个信号与 $\overline{CS}$、$\overline{RD}$、$\overline{WR}$ 5 个引脚的电平与 8253 操作的关系如表 3.26 所示。

表 3.26 引脚电平与 8253 芯片的操作关系

$\overline{CS}$	$\overline{RD}$	$\overline{WR}$	A1	A0	寄存器选择和操作
0	1	0	0	0	写入寄存器#0
0	1	0	0	1	写入寄存器#1
0	1	0	1	0	写入寄存器#2
0	1	0	1	1	写入控制寄存器
0	0	1	0	0	读计数器#0
0	0	1	0	1	读计数器#1
0	0	1	1	0	读计数器#2
0	0	1	1	1	无操作（3 态）
1	×	×	×	×	禁止（3 态）
0	0	1	×	×	无操作（3 态）

8253 只有一个控制字，其格式和含义如图 3.48 所示。最高两位用来选择计数器，接着两位用来规定读/写格式，其后的 3 位用来选择工作方式，最低位用来规定是二进制计数还是十进制计数。由于 8253 对外的数据线只有 8 根，对 16 位计数器进行读写操作需要分两次进行。为了使 CPU 能够获得计数器某一时刻的准确值，8253 设置了锁存操作，即把指定计数器的当前值锁存到内部的 16 位寄存器中，从而使 CPU 可以分两次取数。注意：锁存不影响计数功能。

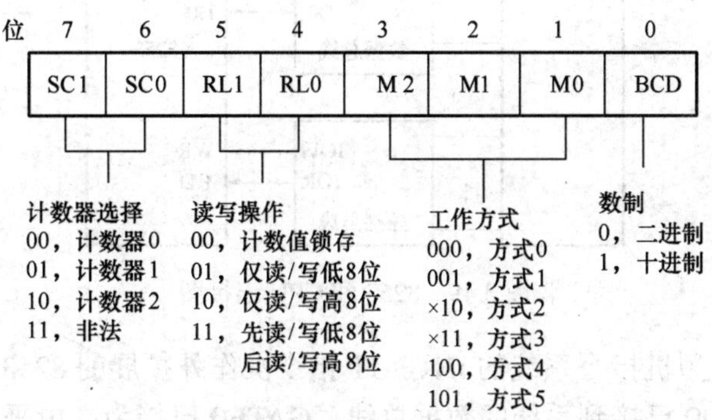

图 3.48　8253 芯片控制字

如表 3.27 所示，8253 有 6 种工作方式，每一种方式都有自己的特点，这里仅对其作简要说明。

表 3.27　8259 芯片引脚说明

方　式	N 与输出波形的关系
0	写入计数值 N 后，经 $N+1$ 个 CLK 输出变高
1	输出一个宽度为 N 个 CLK 周期的负脉冲
2	每 N 个 CLK 脉冲，输出宽度为 1 个 CLK 周期的负脉冲
3	输出周期为 N 个 CLK 的方波（N 为奇数，高比低多一个 CLK 时间）
4	写入 N 后，经过 $N+1$ 个 CLK 输出宽度为 1 个 CLK 的负脉冲
5	门控触发后，经过 $N+1$ 个 CLK 输出宽度为 1 个 CLK 的负脉冲

对于 CPU 外扩展接口芯片来讲，重点是要设计接口芯片的数据线、地址线和控制线与 CPU 的连接，如图 3.49 所示为 8253 接口芯片的典型扩展接法。这里的模型计算机可以直接应用前面的复杂模型机，其 I/O 地址空间分配情况如表 3.28 所示。

表 3.28　I/O 地址空间分配

A7A6	选　定	地 址 空 间
00	IOY0	00-3F
01	IOY1	40-7F
10	IOY2	80-BF
11	IOY3	C0-FF

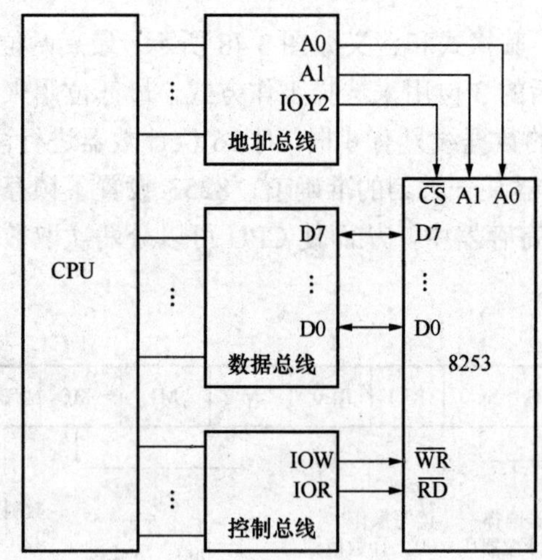

图 3.49 8253 和 CPU 连接图

可以应用复杂模型机指令系统的 IN、OUT 指令操作外扩展的 8253 芯片。实验箱上 8253 芯片的数据线 D7～D0 已接到系统的数据总线，GATE0 已接为高电平，其余都以排针形式引出。

本实验要求采用复杂模型机实验设定的指令系统，实现以下功能：对 8253 进行初始化，使其以 IN 单元数据 *N* 为计数初值，在 OUT 端输出方波，其中 8253 的输入时钟为时序单元信号源φ。

3. 实验内容

（1）根据对复杂模型机设计实验和该实验原理的描述，给出实验电路接线图，连接实验电路并检查无误。

（2）该实验只使用计数器#0 通道，将它设置成方波速率发生器（方式 3）。CLK0 接至信号源φ上；GATE0=1（已常接高电平），计数允许。OUT0 即为方波输出端。

其中，30H 单元存放的数 16H 为 8253 的控制字，它的功能为选择计数器 0，只读/写最低的有效字节，选择方式 3，采用二进制。IN 单元开关所置的数 *N* 为计数值，即输出是 *N* 个 CLK 脉冲的方波。

（3）根据对实验原理的描述，写出相应的机器程序；微程序采用复杂模型机设计实验一中的代码。

（4）采用手动和联机两种方式，将微程序和机器程序分别写入控制存储器和内存，并进行校验。

（5）运行程序。分为本机运行和联机运行两种情况。

本机方式运行程序时，要借助示波器来观测 8253 芯片的输入和输出波形。而在联机方式时，可用 CM3+联机软件的示波器功能监测 8253 芯片的 OUT0 端和时序单元信号源φ的波形。方法是：进入软件界面，选择菜单命令“实验”→“综合性实验”，打开综合性实验数据通路图，选择相应的功能命令，即可联机运行、调试程序。当机器指令执行到 HLT 指令时，停止运行程序，再选择菜单命令“波形”→“打开”，打开示波器窗口，选择菜单命令“波形”→“运行”，启动逻辑示波器，就可观测到 OUT0 端和时序单元信号源φ端的波形。将开关置为不同的计数值，按下 CON 单元的 CLR，再次运行机器指令后，可观察到 OUT0 端输出波形的频率变化。

4. 实验报告

（1）根据对实验原理的描述给出实验接线图。

（2）根据复杂模型机设计实验一的指令系统编写机器程序，观察在复杂模型机上的执行流程，并将其保存在文件中。

（3）简要说明 CPU 外扩展接口芯片的方法和意义。

附 录

附录A FPGA 引脚分配图

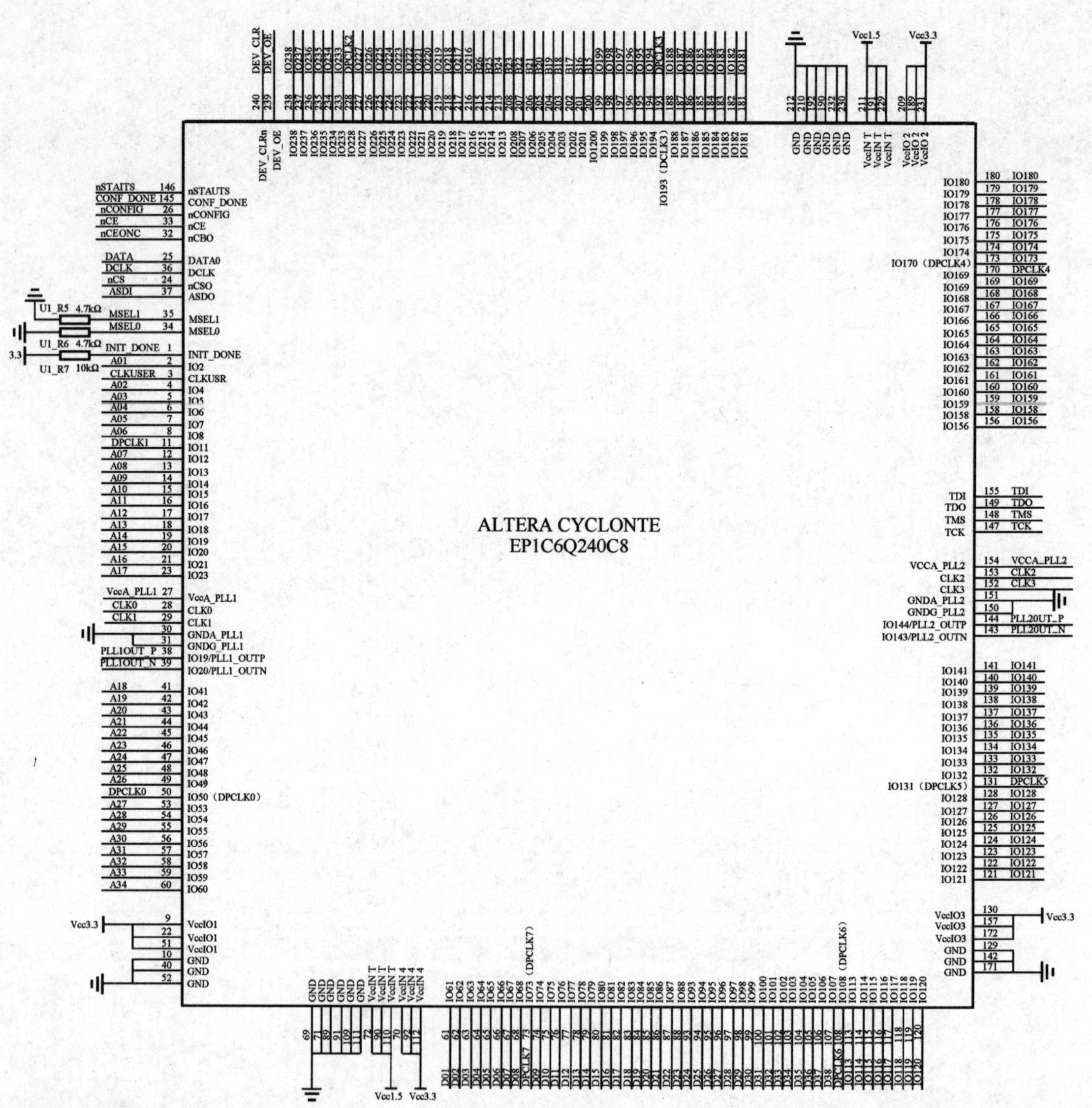

附录 B　单元电路芯片布局图

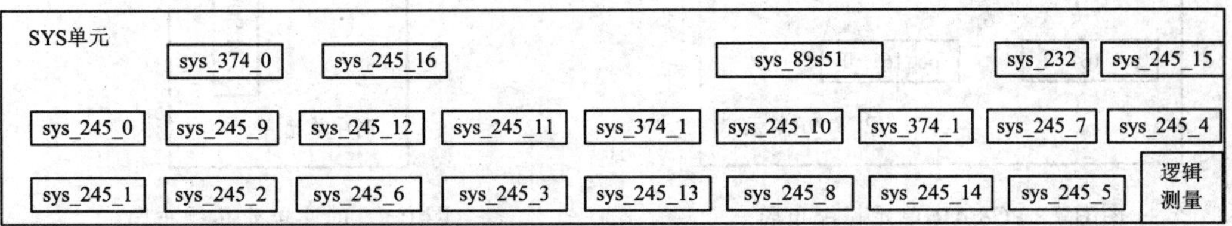

图 B.1　SYS 单元芯片布局

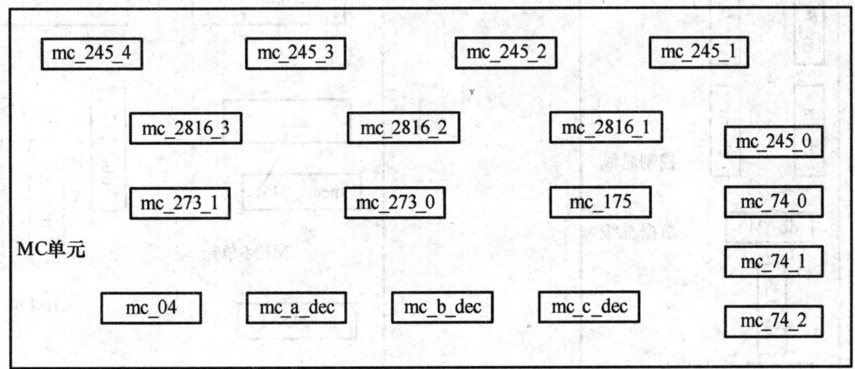

图 B.2　MC 单元芯片布局

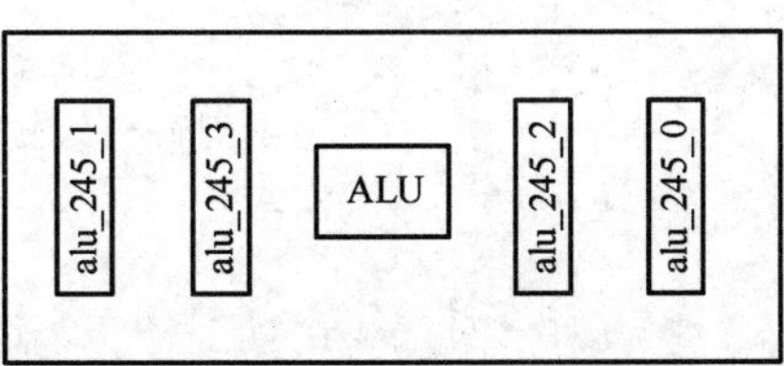

图 B.3　ALU 单元芯片布局

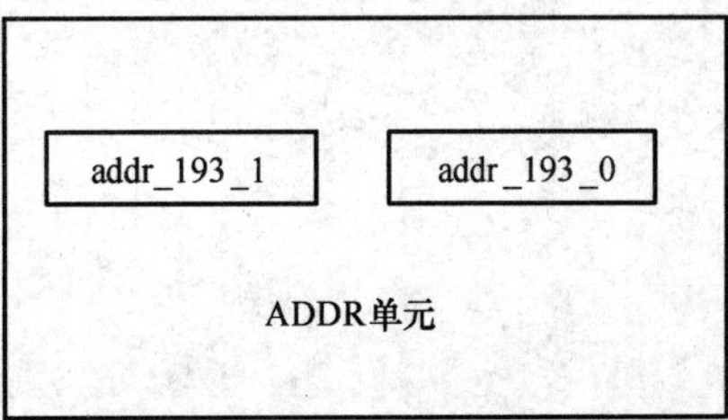

图 B.4　ADDR 单元芯片布局

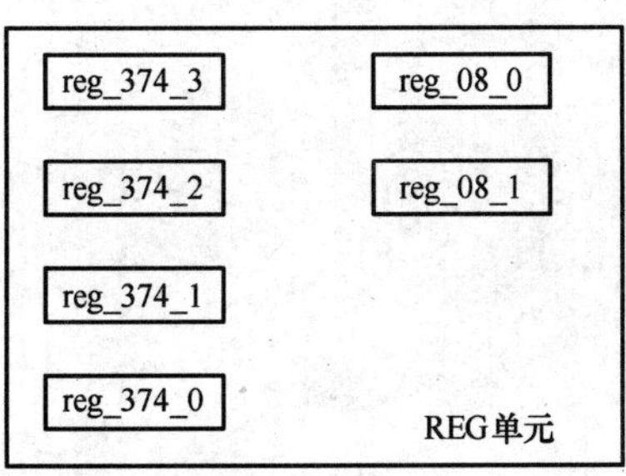

图 B.5　REG 单元芯片布局

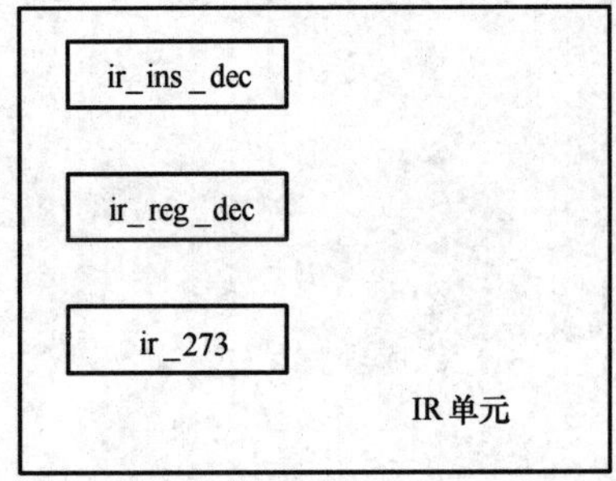

图 B.6　IR 单元芯片布局

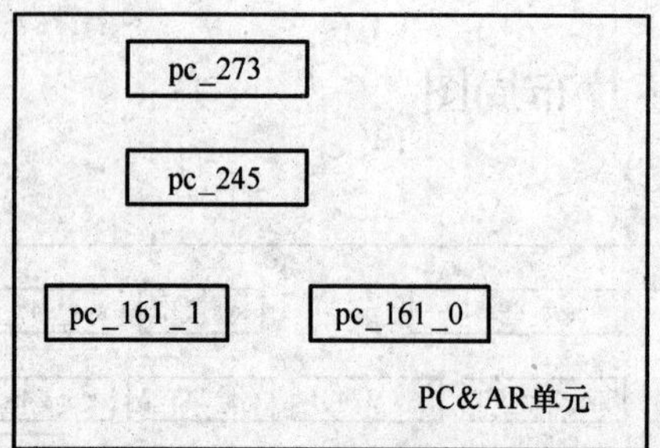

图 B.7 PC&AR 单元芯片布局

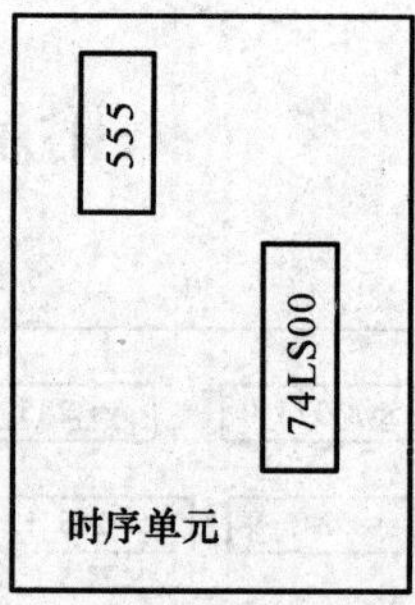

图 B.8 时序单元芯片布局

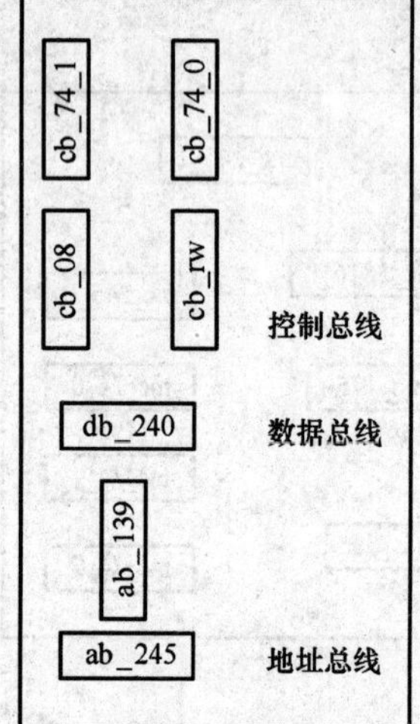

图 B.9 总线单元芯片布局

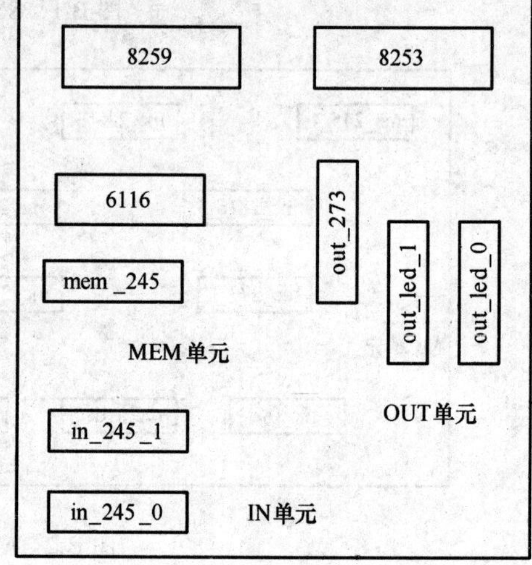

图 B.10 外设电路芯片布局

附录C 数据通路总图

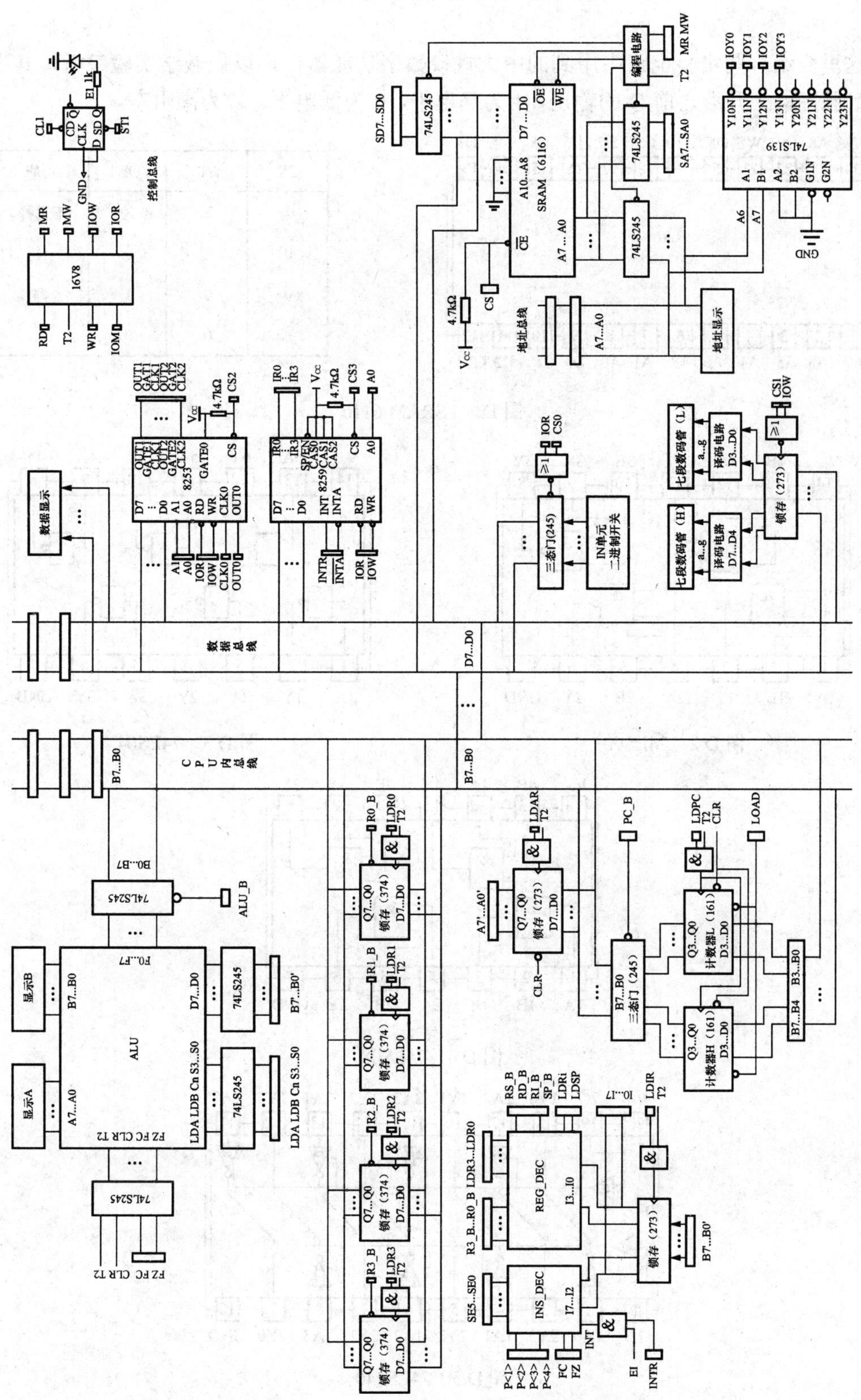

数据总线
CPU内总线
控制总线
地址总线
地址显示
数据显示
显示A
显示B
ALU
74LS245
ALU_B
锁存（374）
锁存（273）
三态门（245）
计数器L（161）
计数器H（161）
REG_DEC
INS_DEC
SRAM（6116）
74LS139
8253
8259
16V8
IN单元二进制开关
七段数码管（L）
七段数码管（H）
译码电路
编程电路
D7...D0
B7...B0
A7...A0
SD7...SD0
SA7...SA0
GND

附录D 芯 片 图

这里介绍一些实验电路中用到的中大规模数字功能器件，以供教学实验参考，其中 Q_0 为时钟脉冲的上升沿之前Q的输出，1为高电平，0为低电平，Z为高阻态。

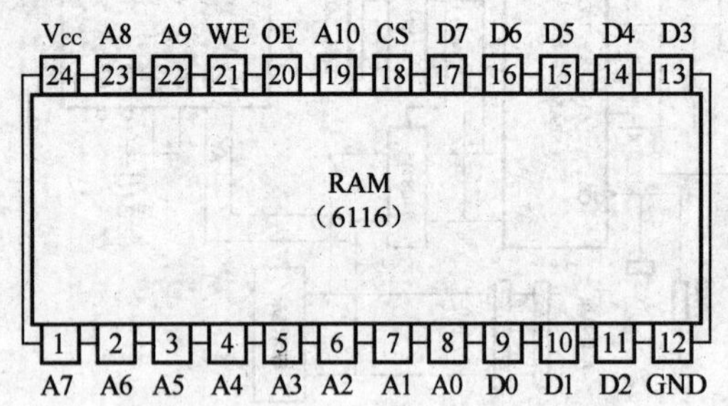

CS	WE	OE	功能
1	X	X	不选择
0	1	0	读
0	0	1	写
0	0	0	写

图 D.1 SRAM 6116

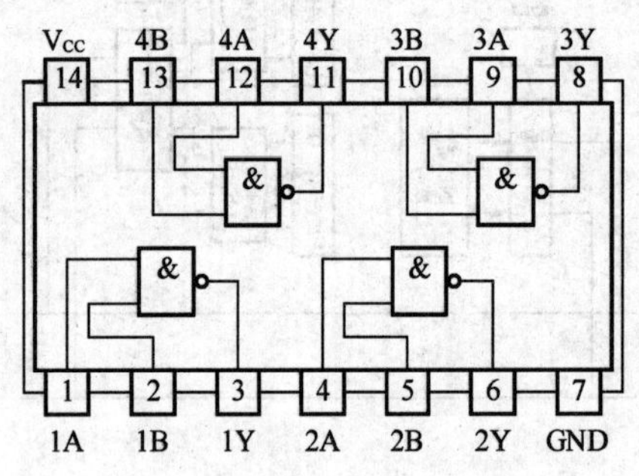

图 D.2 74LS00

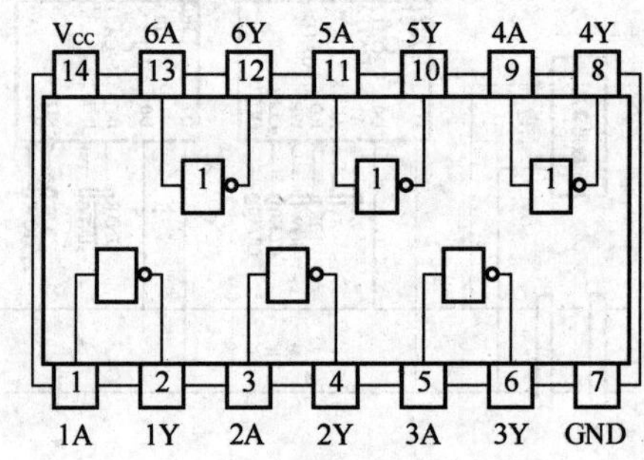

图 D.3 74LS04

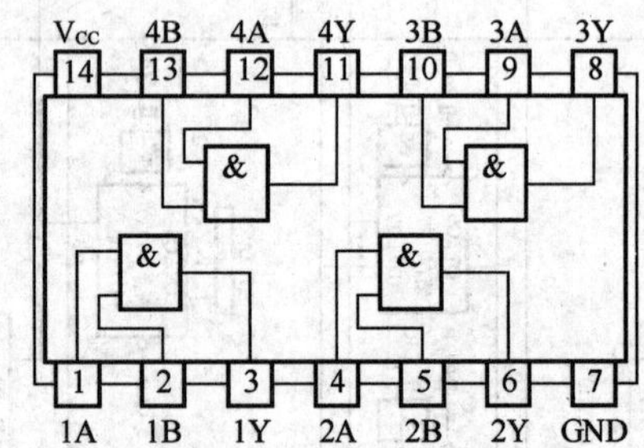

图 D.4 74LS08

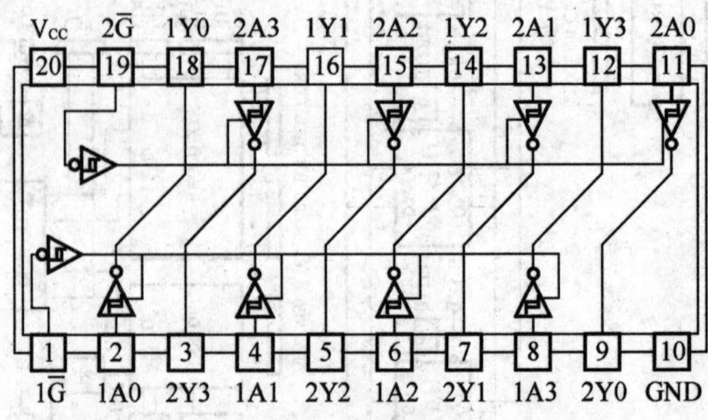

图 D.5 74LS240

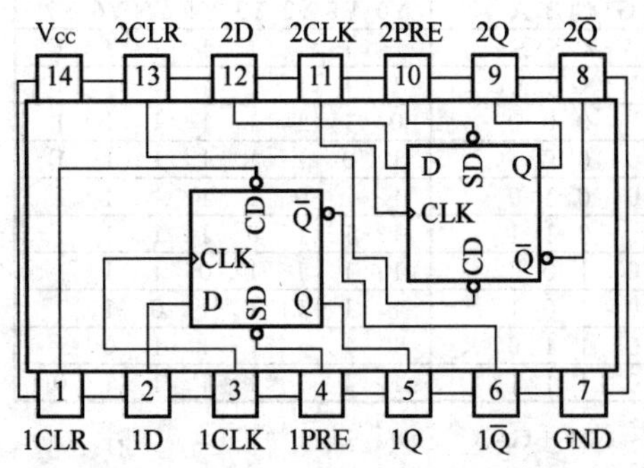

PRC	CLR	CLK	D	Q	$\overline{Q}$
0	1	X	X	1	0
1	0	X	X	0	1
0	0	X	X	1*	1*
1	1	1	↑	1	0
1	1	0	↑	0	1
1	1	0	X	Q_0	$\overline{Q_0}$

图 D.6　74LS74

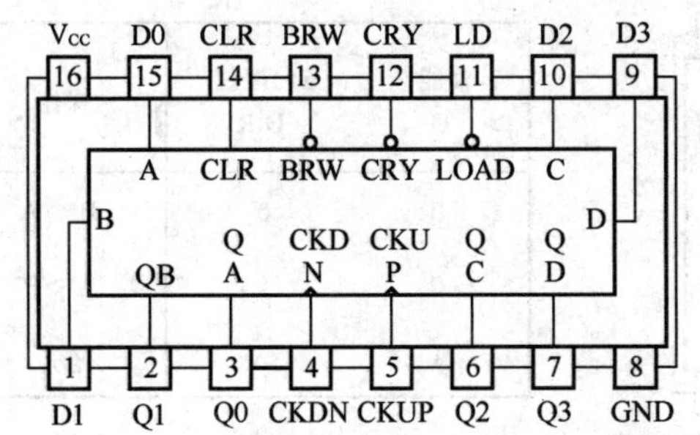

CKUP	CKDN	CLR	LD	功能
↑	1	0	1	上行计数
1	↑	0	1	下行计数
X	X	1	X	清除
X	X	0	0	置数

图 D.7　74LS193

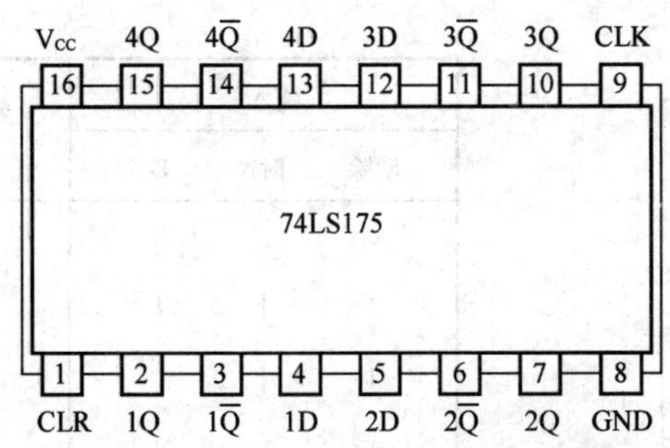

CLR	CLK	D	Q	$\overline{Q}$
0	X	X	0	1
0	↑	1	1	0
1	↑	0	0	1
1	0	X	Q_0	$\overline{Q_0}$

图 D.8　74LS175

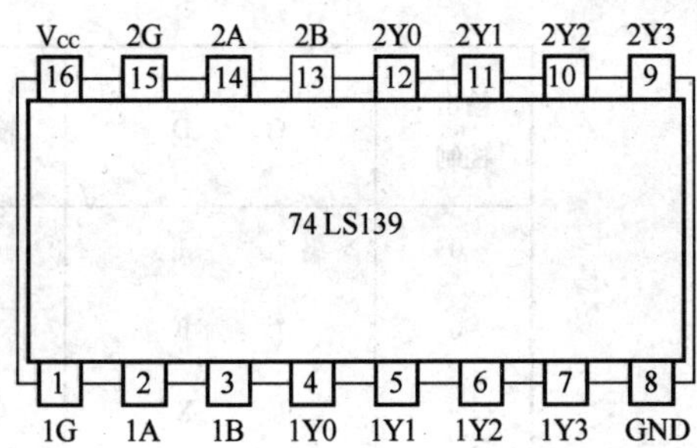

G	B	A	Y0	Y1	Y2	Y3
1	X	X	1	1	1	1
0	0	0	0	1	1	1
0	0	1	1	0	1	1
0	1	0	1	1	0	1
0	1	1	1	1	1	0

图 D.9　74LS139

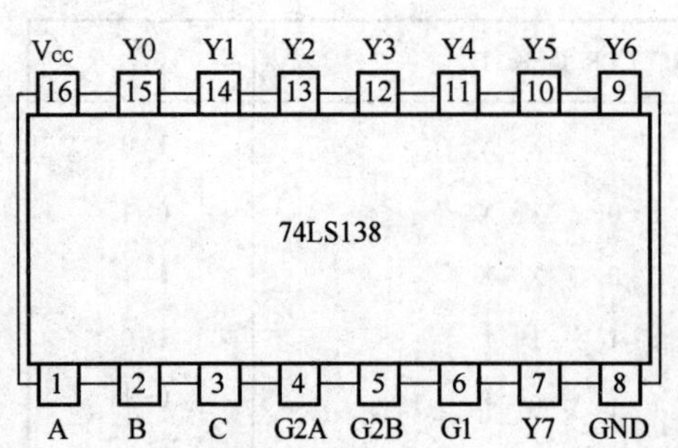

G1	G*	C	B	A	Y0	Y1	Y2	Y3	Y4	Y5	Y6	Y7
X	1	X	X	X	1	1	1	1	1	1	1	1
0	X	X	X	X	1	1	1	1	1	1	1	1
1	0	0	0	0	0	1	1	1	1	1	1	1
1	0	0	0	1	1	0	1	1	1	1	1	1
1	0	0	1	0	1	1	0	1	1	1	1	1
1	0	0	1	1	1	1	1	0	1	1	1	1
1	0	1	0	0	1	1	1	1	0	1	1	1
1	0	1	0	1	1	1	1	1	1	0	1	1
1	0	1	1	0	1	1	1	1	1	1	0	1
1	0	1	1	1	1	1	1	1	1	1	1	0

G* = G2A + GAB

图 D.10　74LS138

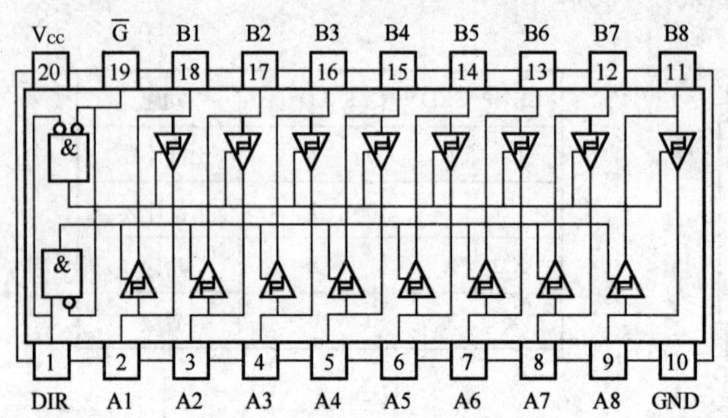

使能 G	方向控制 DIR	操作
0	0	B->A
0	1	A->B
1	X	隔开

图 D.11　74LS245

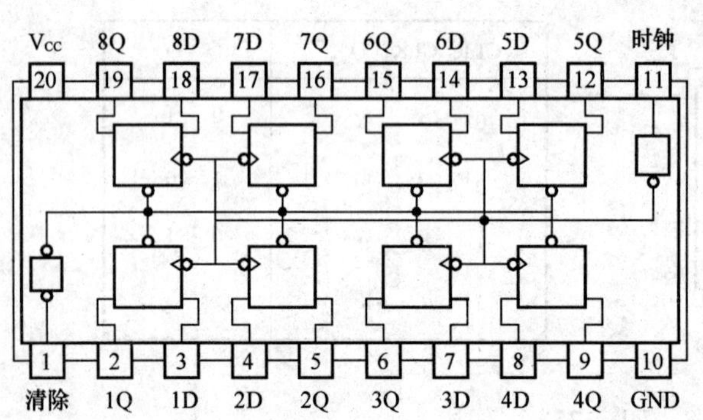

输入			输出
清除	时钟	D	Q
0	X	X	0
1	↑	1	1
1	↑	0	0
1	0	X	Q_0

图 D.12　74LS273

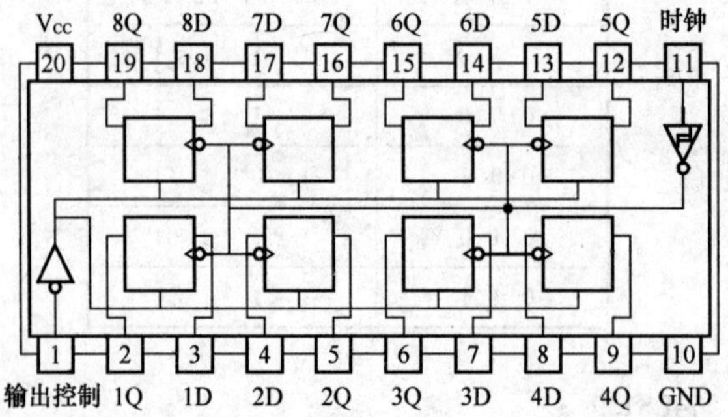

输出控制	G	D	输出
0	↑	1	1
0	↑	0	0
0	0	X	Q_0
1	X	X	Z

图 D.13　74LS374

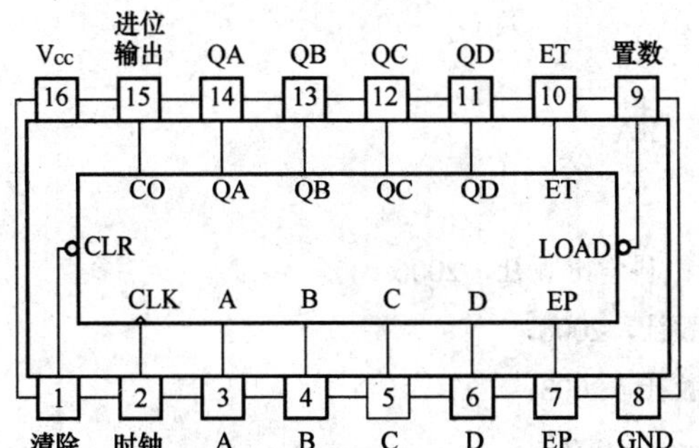

输入					输出		工作
清除	置数	时钟	使能 EP	使能 ET	QA QB QC QD	进位输出	
1	1	↑	1	1	——	—	计数
1	0	↑	X	X	A B C D	—	置数
0↓	X	X	X	X	0 0 0 0	—	清除
1	X	X	X	1	1 1 1 1	1 ⎍	—

图 D.14　74LS161

参 考 文 献

[1] 潘松，黄继业．EDA 技术实用教程[M]．第 3 版．北京：科学出版社，2006．

[2] 白中英．计算机组成原理[M]．第 4 版．北京：科学出版社，2008．

[3] 陆志才．微型计算机组成原理[M]．北京：高等教育出版社，2003．

[4] Synario．VHDL Refence Manual[M]．Redmond, Washington, 1997．

参考资料：

[1] 西安唐都科教仪器公司．CM3P 实验指导书．2006．

[2] 西安唐都科教仪器公司．TD-CM3+实验系统用户手册．2006．

[3] Altera Corp．Cyclone Device Handbook, Volume 1．San Jose：CA, 2003．